🌏 ゼロからはじめる

iTunes
アイチューンズ
スマートガイド

リンクアップ 著

技術評論社

CONTENTS

Chapter 1
iTunes を始めよう

Section 01 iTunesとは ... 8

Section 02 iTunesとつながる製品 ... 10

Section 03 iTunesで再生できる音楽ファイル ... 12

Section 04 WindowsにiTunesをインストールしよう ... 14

Section 05 iTunesを起動・終了しよう ... 18

Section 06 音楽ファイルの保存先を変更しよう ... 20

Section 07 Apple IDを作成しよう ... 22

Section 08 iTunes Cardを登録しよう ... 25

Section 09 曲をライブラリに取り込もう ... 28

Chapter 2
iTunes で曲を管理しよう

Section 10 iTunesの画面構成を理解しよう ... 30

Section 11 音楽CDから曲を取り込もう ... 32

Section 12 曲を再生しよう ... 36

Section 13 次に再生したい曲を設定しよう ... 38

Section 14 いろいろな再生方法で聴こう ... 41

Section 15 再生画面をカスタマイズしよう ... 42

Section 16 取り込んだ曲を検索しよう ... 44

Section 17 プレイリストを作成しよう ... 46

Section 18 プレイリストを編集しよう ... 48

Section 19 プレイリストを自動で作成しよう ... 52

Section 20 プレイリストを使って再生しよう ... 54

Section 21　ミニプレーヤーを利用しよう ……………………………… 56
Section 22　アルバムアートワークを取得しよう ……………………… 58
Section 23　曲名やアーティスト名を変更しよう ……………………… 59
Section 24　曲を削除しよう ……………………………………………… 60

Chapter 3
iTunes Store を利用しよう

Section 25　iTunes Storeを表示しよう ………………………………… 62
Section 26　サインイン・サインアウトしよう ………………………… 64
Section 27　聴きたい曲を探そう ………………………………………… 66
Section 28　曲のランキングを見よう …………………………………… 68
Section 29　カラムブラウザで曲を探そう ……………………………… 70
Section 30　曲を試聴・購入しよう ……………………………………… 72
Section 31　ウィッシュリストを利用しよう …………………………… 74
Section 32　アルバム内の残りの曲をまとめて購入しよう …………… 76

Chapter 4
iTunes Store をもっと楽しもう

Section 33　Apple Musicを始めよう …………………………………… 78
Section 34　Apple Musicの曲を再生しよう …………………………… 80
Section 35　Apple Musicの曲をダウンロードしよう ………………… 81
Section 36　Podcastを探そう …………………………………………… 82
Section 37　Podcastのエピソードを再生しよう ……………………… 86
Section 38　Podcastのエピソードをダウンロードしよう …………… 88

3

CONTENTS

Section 39	インターネットラジオを聴こう	90
Section 40	映画を探そう	92
Section 41	映画をレンタル・購入しよう	94
Section 42	オーディオブックを探そう	98

Chapter 5
iTunes で情報を共有しよう

Section 43	iPhoneやiPadと同期しよう	100
Section 44	同期の設定を変更しよう	102
Section 45	連絡先やカレンダーを共有しよう	104
Section 46	写真を共有しよう	106
Section 47	曲を共有しよう	108
Section 48	映画を共有しよう	110
Section 49	曲をホームシェアリングしよう	112
Section 50	ほかのデバイスで購入した曲をダウンロードしよう	116

Chapter 6
iTunes をもっと使いこなそう

Section 51	iTunesの詳細なメニューを表示しよう	122
Section 52	Geniusのおすすめを見よう	124
Section 53	iTunes Matchを利用しよう	128
Section 54	AirPlayを利用しよう	130
Section 55	SNSを利用して曲などの情報をシェアしよう	132
Section 56	音楽CDを作成しよう	134

Section 57	イコライザを設定しよう	136
Section 58	新しくパソコンを認証しよう	138
Section 59	曲をMP3形式で取り込もう	140
Section 60	音楽ファイルの音質をよくしよう	143
Section 61	再生音質を向上させよう	146
Section 62	iTunesに歌詞を登録しよう	147
Section 63	iPhoneの着信音を作成しよう	148
Section 64	ハイレゾ音源を購入しよう	150
Section 65	ハイレゾ音源を再生しよう	152
Section 66	アップデートしよう	156
Section 67	iTunesに動画を登録しよう	158

Chapter 7
困ったときの対処法

Section 68	曲間を切らずに再生するには	160
Section 69	フォルダーの場所を移動するには	162
Section 70	音楽ファイルをバックアップするには	164
Section 71	新しいパソコンに移行するには	170
Section 72	認証がうまくできないときは	174
Section 73	以前購入したものを再度入手するには	178
Section 74	自分でアートワークを登録するには	180
Section 75	iTunesとAndroidデバイスを同期するには	182
Section 76	Apple Musicの曲とCDから取り込んだ曲を区別するには	186
Section 77	iPhone／iPadをバックアップするには	187

ご注意:ご購入・ご利用の前に必ずお読みください

● 本書に記載した内容は、情報の提供のみを目的としています。したがって、本書を用いた運用は、必ずお客様自身の責任と判断によって行ってください。これらの情報の運用の結果について、技術評論社および著者、アプリの開発者はいかなる責任も負いません。

● ソフトウェアに関する記述は、特に断りのない限り、2018年3月現在での最新バージョンをもとにしています。ソフトウェアはバージョンアップされる場合があり、本書での説明とは機能内容や画面図などが異なってしまうこともあり得ます。あらかじめご了承ください。

● 本書は以下の環境で動作を確認しています。ご利用時には、一部内容が異なることがあります。あらかじめご了承ください。
iTunes : バージョン 12.7.3
端末 : iPhone 8 (iOS 11.2.6)
パソコンのOS : Windows 10
　　　　　　　　 macOS High Sierra 10.13.3

● インターネットの情報については、URLや画面などが変更されている可能性があります。ご注意ください。

以上の注意事項をご承諾いただいたうえで、本書をご利用願います。これらの注意事項をお読みいただかずに、お問い合わせいただいても、技術評論社は対処しかねます。あらかじめ、ご承知おきください。

■本書に掲載した会社名、プログラム名、システム名などは、米国およびその他の国における登録商標または商標です。本文中では、™、®マークは明記していません。

iTunesを始めよう

Section 01	iTunesとは
Section 02	iTunesとつながる製品
Section 03	iTunesで再生できる音楽ファイル
Section 04	WindowsにiTunesをインストールしよう
Section 05	iTunesを起動・終了しよう
Section 06	音楽ファイルの保存先を変更しよう
Section 07	Apple IDを作成しよう
Section 08	iTunes Cardを登録しよう
Section 09	曲をライブラリに取り込もう

Section 01 iTunesとは

iTunesは、Appleが無料で提供している音楽や動画などのコンテンツを一元管理、再生できるメディアプレーヤーです。iPhoneやiPadと同期できるほか、iTunes Storeに接続してコンテンツを購入することもできます。

一元管理できるメディアプレーヤー

Appleが無料で提供しているiTunesは、音楽や動画などのコンテンツを一元管理することができるメディアプレーヤーです。WindowsではAppleのWebサイトからインストールができ、Macには初めからインストールされています。iPhoneやiPadと同期することにより、音楽や映画などのコンテンツの共有も可能です。

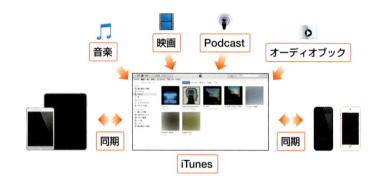

Memo iTunesの新機能

最新バージョン12.7では、デザインや機能が大きく変更されました。Apple Storeが削除され、iTunesとiPhoneやiPadのアプリを同期する機能、着信音を管理する機能がなくなりました。また、iOS 8以降を搭載したiPhoneやiPadであれば、iTunes Storeで購入した音楽などを家族間でかんたんに共有できるファミリー共有が利用できます。詳細はAppleのWebサイト（https://support.apple.com/ja-jp/HT201085）を参照しましょう。

iTunesでできること

●コンテンツの一元管理、再生

iTunesで管理できるコンテンツは、音楽CD、iTunes Store、パソコンのハードディスクなどから取り入れることができます。取り入れたコンテンツはジャンル別やアーティスト別などに表示が切り替えられるほか、音楽はプレイリストとして独自に仕分けして管理することができ、音楽CDを作成することもできます。もちろん、プレーヤーとして再生して楽しむこともできます。

●デバイスとの同期

iTunesの大きな役割として、iPhoneやiPadとの同期機能があります。iPhoneやiPadとパソコンをUSBケーブルやWi-Fiで接続すれば、iTunesに取り入れて管理している音楽や映画などのコンテンツを共有することができます。なお、iTunesで同期できるコンテンツは、音楽、動画、Podcastなどになります。

Memo iTunesが利用できるパソコン

Windowsでは、Windows 7以降で利用することができます。Macでは、Intelプロセッサを搭載したOSバージョン10.10.5以降で利用できます。

第1章 iTunesを始めよう

iTunesとつながる製品

iTunesは、コンテンツの一元管理という役割以外にも、iPhoneやiPadと同期して、音楽や映画などを共有する機能があります。また、Apple TVやNASとつなげることで、コンテンツを楽しむ幅が広がります。

音質がよくなる機器

iTunes内の音楽コンテンツを高音質で楽しみたいときは、デジタル信号をアナログ信号に変換するUSB-DACやヘッドホン、スピーカーを導入してみるとよいでしょう。曲を原音に近いサウンドで再現するハイレゾ音源もかんたんに再生することができます。

●USB-DAC

テイアック「AI-503-S」

「AI-503」は、スピーカーとヘッドホンのどちらで聴く場合でも高音質で楽しめる。

●ヘッドホン

ハーマン「K550MKⅢ」

音の緻密さや躍動感を兼ね備えた密閉型のオーバーイヤーヘッドホン。着脱式ケーブルを採用している。

●スピーカー

BOSE「Sounlink Mini Bluetooth Speaker Ⅱ」

小型で耐久性に優れ、USBで充電可能。タブレットやスマートフォンでも楽しめる。

●サウンドバー

ソニー「HT-XT」

サブウーファーを備えており、迫力の低音を楽しむことができる。USBでさまざまなデバイスに接続可能。

AirPlayでつながる

AirPlay対応機器とiTunesが入っているパソコンを同じWi-Fiネットワークに接続することで、iTunes内の音楽などのコンテンツを無線で転送・再生することができます（Sec.54参照）。対応機器はAppleの「Apple TV」のほか、スピーカーやAVアンプなどで、曲名やアートワークを表示する機能を持つものもあります。

iTunesで管理しているコンテンツを、AirPlay対応機器で楽しむことができる。

NASとつながる

パソコンやスマートフォン、タブレットなどと接続ができるネットワーク対応HDD「NAS」には、iTunesに対応した製品があります。NASに保存した音楽ファイルを最大5台のパソコンのiTunesで聴くことができます。

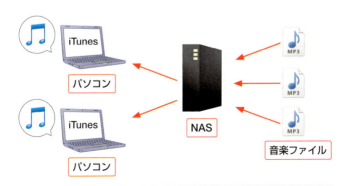

NAS内の曲を、iTunes経由でiPhoneなどのデバイスへ転送することもできる。

第1章 iTunesを始めよう

Section 03 iTunesで再生できる音楽ファイル

iTunesでは、音楽を取り込む際にフォーマットを変換することで、高音質で音楽を楽しめるようになります。ここでは、iTunesで再生できる音楽フォーマットについて解説していきます。

iTunesで再生できる音楽フォーマット

iTunesでは、AACやMP3、ALACなど、さまざまな形式の音楽ファイルを再生することができます。ここでは、音楽フォーマットの種類とその特徴について解説していきます。音楽フォーマットによってはデータ容量や音質の面で違いがあるので、ここでしっかり確認しておきましょう。なお、iTunesに音楽CDを取り込みたいときは、任意の音楽フォーマットに変換して取り込むこともできます（Sec.59参照）。

●主な音楽フォーマットと特徴

音楽フォーマット	拡張子	圧縮方式	特徴
AAC	.aac、.mp4aなど	非可逆圧縮	iTunesの標準形式で、MP3に代わるフォーマット。圧縮率が高く、音質もほぼ同等。
MP3	.mp3	非可逆圧縮	広く普及しているごく一般的なフォーマット。非可逆圧縮方式のため、音質を保ったままデータを圧縮することができる。
ALAC	.alac	可逆圧縮	Appleの可逆圧縮方式。音楽CDと同じ音質を保ったままデータ容量を抑えることができる。
WAV	.wav	無圧縮	Windows標準のフォーマット。無圧縮のため音質はよいが、データ容量が大きい。
AIFF	.aif	無圧縮	Mac標準のフォーマット。WAVと同じく無圧縮のため音質はよくCDデータをそのまま記録できるが、データ容量が大きい。
FLAC	.flac	可逆圧縮	もっとも一般的なフォーマット。インターネットの音楽配信サイトで提供されているハイレゾ音源のほとんどはFLAC形式だが、現時点ではiTunesでFLAC形式の音楽ファイルを読み込むことはできない。

●可逆圧縮と非可逆圧縮

音楽の圧縮形式には、可逆圧縮と非可逆圧縮の2種類の形式があります。可逆圧縮とは、音楽データを削らず、まとめられる部分をまとめてファイルサイズを圧縮する形式のため、音楽データを復元しても、圧縮前の音楽データと同一の状態になります。一方、非可逆圧縮は、人間の耳には聞こえにくい音域を削ってファイルサイズを圧縮する形式のため、圧縮前の音楽データに戻すことはできません。

AACやMP3などの非可逆圧縮方式は、もともとの音楽データの10分の1程度までファイルサイズを圧縮することができますが、ALACのような可逆圧縮方式は、2分の1程度の圧縮率のため、可逆圧縮に比べてわずかしか保存することができません。

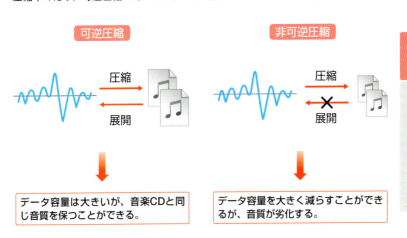

Memo 音楽配信サイト

iTunesで聴ける曲は、iTunes Storeのほかにも、さまざまな音楽配信サイトから探すことができます。ここでは主要な音楽配信サイトを紹介します。

サイト名	概要	URL
OTOTOY	ハイレゾ対応の音楽配信サービス。ALACフォーマットの音楽ファイルを購入できる。	https://ototoy.jp/top/
mora	国内大手の音楽配信サービス。	http://mora.jp/
e-onkyo music	国内のハイレゾ配信ストア。J-POPからクラシックまで、さまざまなジャンルのハイレゾ音源を配信している。	http://www.e-onkyo.com/music/

第1章 iTunesを始めよう

Section 04 WindowsにiTunesをインストールしよう

WindowsでiTunesを利用するためには、AppleのWebサイトからソフトウェアをインストールする必要があります。ここでは、Windows 10にiTunesをインストールする方法を紹介します。

iTunesをダウンロードする

① デスクトップ画面のタスクバーでをクリックし、Microsoft Edgeを開きます。

クリックする

② 「http://www.apple.com/jp/itunes/download/」にアクセスし、<今すぐダウンロード>をクリックします。

クリックする

③ <保存>→<実行>の順にクリックします。

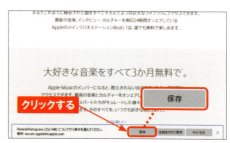

クリックする

🎵 iTunesをインストールする

① インストーラーが起動したら、<次へ>をクリックします。

② 「インストールオプション」画面で、オプションやインストール先のフォルダーを選択し、<インストール>をクリックします。

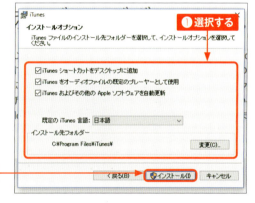

③ 「ユーザーアカウント制御」画面が表示されたら、<はい>をクリックすると、インストールが始まります。

④ 再度「ユーザーアカウント制御」画面が表示されたら＜はい＞をクリックし、インストールが終了したら、＜完了＞をクリックします。

⑤ P.15手順②の画面で「iTunesショートカットをデスクトップに追加」にチェックを付けた場合は、デスクトップにアイコンが作成されます。

⑥ 「iTunesソフトウェア使用許諾契約」画面が表示されたら、＜同意する＞をクリックします。

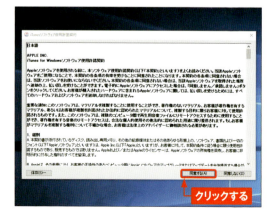

⑦ P.16手順④の画面で、「インストールが終了したらiTunesを開く。」にチェックを付けた場合は、iTunesが起動します。ポップアップが表示されたら、<OK>をクリックします。

⑧ 「ようこそ」画面が表示されるので、<同意します>をクリックします。

⑨ 「ミュージック」の「ライブラリ」画面が表示されます。

第1章 iTunesを始めよう

iTunesを起動・終了しよう

iTunesのインストールが完了すると、自動的にiTunesが起動します（P.16手順④参照）。まずはiTunesを終了してみましょう。また、ここではWindows 10の「スタート」画面から、iTunesを起動する方法も解説します。

iTunesを終了する

(1) iTunesを起動中に、画面左上の＜ファイル＞をクリックします。

クリックする

(2) ＜終了＞をクリックすると、iTunesが終了します。なお、画面右上の×をクリックすることでも、iTunesを終了できます。

クリックする

Memo Macでの起動と終了

Macの場合は、DockにあるiTunesのアイコンをクリックすると起動します。終了するときは、画面左上の●をクリックするか、またはメニューバーの＜iTunes＞をクリックし、＜iTunesを終了＞をクリックします。

クリックする

🎵 iTunesを起動する

① デスクトップ画面左下の ⊞ をクリックします。

② 下方向にスクロールし、<iTunes>→<iTunes>の順にクリックします。

③ iTunesが起動します。P.15手順②で「iTunesショートカットをデスクトップに追加」にチェックを付けた場合は、デスクトップのショートカットをダブルクリックしてもiTunesを起動できます。

Memo 終了時の注意点

iPhoneなどのデバイスとiTunesを接続していて、「接続を解除しないでください」といった画面が表示された場合は、▲をクリックし、接続を解除してから終了しましょう。詳しくはSec.43を参照してください。

第1章 iTunesを始めよう

Section 06 音楽ファイルの保存先を変更しよう

iTunesにインポートした音楽ファイルは、Windowsのデフォルトでは「ミュージック」フォルダー内の「iTunes」フォルダーに保存されるようになっています。保存場所は変更することもできます（Sec.69参照）。

保存先を変更する

① Sec.05を参考にiTunesを起動し、＜編集＞をクリックします。

② ＜環境設定＞をクリックします。

③ ＜詳細＞をクリックして「詳細環境設定」画面を開き、＜変更＞をクリックします。

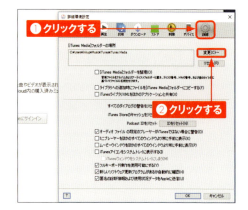

④ 「[iTunes Media]フォルダーの場所を変更」画面が表示されます。保存先のフォルダーをまだ作っていない場合は、＜新しいフォルダー＞をクリックします。

⑤ 任意のフォルダー名を入力し、[Enter]を押します。

⑥ ＜フォルダーの選択＞をクリックします。

⑦ [iTunes Media]フォルダーの場所が変更されます。もとの場所に戻したい場合は、＜リセット＞をクリックします。

第1章 iTunesを始めよう

Section 07 Apple ID を作成しよう

iTunes Store（P.62参照）で音楽や映画などのコンテンツを購入するためには、Apple IDをあらかじめ取得しておく必要があります。また、クレジットカードを登録しておけば、曲や映画の購入もスムーズに行えます。

Apple IDを作成する

(1) Sec.05を参考にiTunesを起動し、＜アカウント＞をクリックします。

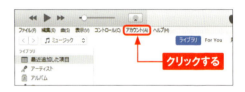

クリックする

(2) ＜サインイン＞をクリックします。

クリックする

(3) 「iTunes Storeにサインイン」画面が表示されるので、＜Apple IDを新規作成＞をクリックします。

クリックする

Memo Apple IDをすでに持っている場合

すでにiPhoneなどを利用していて、Apple IDを持っている場合は、手順(3)の画面でApple IDとパスワードを入力して、＜サインイン＞をクリックします（Sec.26参照）。

④ メールアドレスとパスワードを入力し、「利用規約」のチェックボックスをクリックしてチェックを付けたら、＜続ける＞をクリックします。

⑤ 名前や生年月日を入力し、セキュリティ情報を設定したら、＜続ける＞をクリックします。

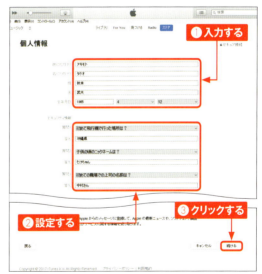

Memo 3つの質問の答えは忘れないようにしよう

3つの質問の答えはメモを取るなどして、忘れないようにしましょう。なお、入力された生年月日から計算して年齢が13歳未満のときは、年齢制限がかかり、Apple IDを作成することができないので注意してください。

(6) 支払い方法をクリックして選択します（ここでは「VISA」を選択しています）。カード情報を入力し、請求先住所を入力したら、＜続ける＞をクリックします。

(7) P.23手順(4)で入力したメールアドレス宛に確認コードが送信されるので、メール内に記載されている確認コードを入力し、＜確認＞をクリックします。

(8) Apple IDの作成が完了します。

Memo 支払い方法の登録は必須？

Apple IDは、支払い方法を登録しなくても作成することができます。クレジットカードを登録したくないときは、手順(6)の画面の「お支払い方法」で＜なし＞をクリックしましょう。

Section 08 iTunes Cardを登録しよう

iTunes Cardを利用すると、iTunes Store内の音楽や映画などの有料コンテンツをスムーズに購入できるようになります。クレジットカードを登録しなくてもコンテンツを購入できるので便利です。

iTunes Cardとは

iTunes Cardは、プリペイド式カードの一種です。裏面に記載されたコードを入力するだけで、カードの種類に応じた金額がApple IDにチャージされ、iTunes Storeで音楽や映画などのさまざまな有料コンテンツを購入することができるようになります。クレジットカードがなくても有料コンテンツを購入できるので、クレジットカードを登録したくない場合でも安心して利用できるでしょう。また、購入した金額分だけしかチャージされないので、使いすぎる心配もありません。

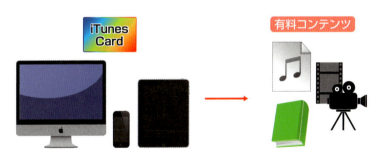

iTunes Cardを利用すると、音楽や映画、オーディオブックといったさまざまな有料コンテンツを購入できる。

Memo iTunes Cardの種類

iTunes Cardは、1,500円、3,000円、5,000円、10,000円分の4種類があり、コンビニや家電量販店、Apple Storeなどで購入することができます。また、複数のiTunes Cardのコードを入力することで、クレジットを増額させることもできます。

🎵 iTunes Cardを登録する

① iTunes Cardを購入したら、紙から取り外しておきます。

② 裏面のシールを削り、コードが見えるようにします。

シールを削る

③ Sec.05を参考にiTunesを起動し、<ストア>をクリックします。

クリックする

④ <iTunes Card／コードを使う>をクリックします。

⑤ 入力されているApple IDを確認し、Apple IDのパスワードを入力して、<サインイン>をクリックします。

⑥ iTunes Cardの裏面に記載されているコードを入力し、<iTunes Card／コードを使う>をクリックします。

⑦ クレジットの残高が表示されます。<終了>をクリックすると、手順④の画面に戻ります。

第1章 iTunesを始めよう

曲をライブラリに取り込もう

iTunes内に音楽ファイルが入っていなくても、パソコン内に音楽ファイルが保存されていれば、iTunesに取り込むことができます。フォルダーごと取り込めるので、曲をまとめて追加したいときに便利です。

パソコン内の音楽ファイルをiTunesに追加する

① Sec.05を参考にiTunesを起動し、＜ファイル＞→＜ファイルをライブラリに追加＞の順にクリックします。

② 追加したい音楽ファイルが保存されているフォルダーをダブルクリックします。

③ 追加したい音楽ファイルをクリックして選択し、＜開く＞をクリックします。

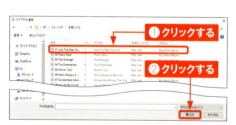

④ iTunesの「ライブラリ」に音楽ファイルが追加されます。

iTunesで曲を管理しよう

Section 10	iTunesの画面構成を理解しよう
Section 11	音楽CDから曲を取り込もう
Section 12	曲を再生しよう
Section 13	次に再生したい曲を設定しよう
Section 14	いろいろな再生方法で聴こう
Section 15	再生画面をカスタマイズしよう
Section 16	取り込んだ曲を検索しよう
Section 17	プレイリストを作成しよう
Section 18	プレイリストを編集しよう
Section 19	プレイリストを自動で作成しよう
Section 20	プレイリストを使って再生しよう
Section 21	ミニプレーヤーを利用しよう
Section 22	アルバムアートワークを取得しよう
Section 23	曲名やアーティスト名を変更しよう
Section 24	曲を削除しよう

第2章 iTunesで曲を管理しよう

Section 10 iTunesの画面構成を理解しよう

iTunes 12では、従来のiTunesから画面のデザインや構成が大幅にリニューアルされています。スムーズに操作するためにも、画面全体の構成をあらかじめ確認しておきましょう。

🎵 表示を切り替える

iTunesを起動すると、前回終了時に開いていた画面が表示されます。ここでは「ミュージック」の「ライブラリ」画面を例に解説します。

① サイドバーから、任意の項目（ここでは<アーティスト>）をクリックします。

クリックする

② 表示が「アーティスト」に切り替わります。画面左上の<ミュージック>をクリックします。

クリックする

③ 「ムービー」や「Podcast」、「オーディオブック」などの画面に切り替えられます。

切り替えられる

基本的な画面構成

―はタスクバーへ最小化、□は画面いっぱいに最大化して表示され、×はiTunesを終了します（Macでは、画面左上に表示され、⊖はDockに最小化、⊕は全画面表示になります）。

○を左右にドラッグすると、音量の調節ができます。

再生している曲の情報やダウンロード、同期などの状況が表示されます。

次に再生される曲や、再生した曲の履歴を確認できます。

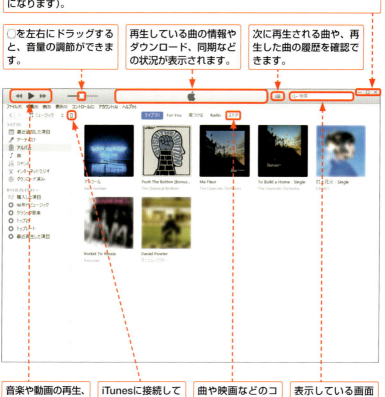

音楽や動画の再生、早送り、巻き戻し、一時停止などが行えます。

iTunesに接続しているデバイスが表示されます。

曲や映画などのコンテンツが購入できます。

表示している画面内のコンテンツを検索できます。

Memo ステータスバーやサイドバーの表示について

初期設定では、ステータスバーは非表示、サイドバーは表示となっています。これらの表示/非表示の方法については、Sec.51を参考にしてください。

第2章 iTunesで曲を管理しよう

Section
11

音楽CDから曲を取り込もう

iTunesを使えば、音楽CDの曲をパソコンに取り込むことができます。アルバム内の曲はもちろん、好きな曲だけを選んで取り込むことも可能です。お気に入りの曲をiTunesに取り込んでみましょう。

音楽CDのすべての曲を取り込む

① iTunesを起動し、パソコンのドライブに音楽CDを挿入します。

② CDのタイトルと確認画面が表示されるので、＜はい＞をクリックします。

Memo チェックボックスにチェックが付いていない場合

通常はP.33手順③の画面で、すべての曲のチェックボックスにチェックが付いていますが、一度インポートしたことがあるCDなどは、チェックが付いていない場合があります。すべてインポートしたい場合は、曲名の左側に表示されているチェックボックスをクリックしてチェックを付けましょう。なお、チェックボックスが表示されていない場合は、＜編集＞→＜環境設定＞→＜一般＞の順にクリックし、「表示」の＜リスト表示のチェックボックス＞をクリックして＜OK＞をクリックすると表示されます。

③ インポートが開始され、画面上部に進捗状況が表示されます。

インポートが開始される

④ インポートが完了すると、取り込んだ曲名の左側に緑色のチェックが表示されます。

表示される

⑤ <ミュージック>をクリックします。

クリックする

⑥ 音楽CDがインポートされていることが確認できます。

表示される

Memo ファイル形式をMP3にして取り込む

iTunesで曲を取り込む場合、標準設定ではファイル形式が「.m4a」で取り込まれますが、取り込み設定を変更すれば、ファイル形式を「.mp3」にして取り込むことができます(Sec.59参照)。

🎵 音楽CDの特定の曲を取り込む

(1) iTunesを起動します。

(2) パソコンのドライブに音楽CDを挿入します。

(3) CDのタイトルと確認画面が表示されるので、＜いいえ＞をクリックします。

(4) 取り込まない曲のチェックボックスをクリックしてチェックを外したら、＜インポート＞をクリックします。

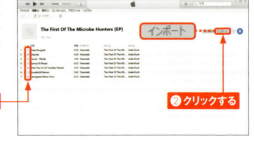

⑤ 「インポート設定」画面が表示されるので、インポート方法や設定を確認して、<OK>をクリックします。

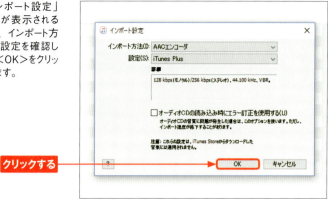

クリックする

⑥ インポートが開始され、画面上部に進捗状況が表示されます。

インポートが開始される

⑦ インポートが完了すると、取り込んだ曲名の左側に緑色のチェックが表示されます。

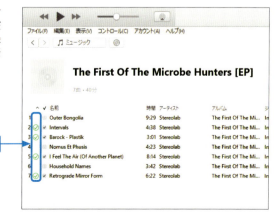

表示される

第2章 iTunesで曲を管理しよう

Section 12 曲を再生しよう

iTunesに取り込んだ音楽は、パソコンでいつでも好きなときに聴くことができます。早送りや巻き戻し、スキップ再生などの便利な機能を覚えて、自由に音楽を楽しみましょう。ここでは、曲の再生方法を解説します。

曲を再生する

① 「ミュージック」画面になっていることを確認し、サイドバーから＜曲＞をクリックします。

クリックする

② 再生したい曲をクリックして、▶をクリックします。

❶ クリックする
❷ クリックする

③ 曲が再生され、再生中の曲名や演奏時間、アートワークなどが表示されます。

再生される

Memo 再生方法

手順②の画面で、聴きたい曲をダブルクリックすることでも、曲を再生することができます。

再生中に別の曲を再生する

(1) 曲が再生されている状態で、別の曲をダブルクリックします。

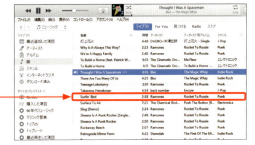

ダブルクリックする

(2) ダブルクリックした曲が再生されます。

再生される

そのほかの再生方法

⏮をクリックすると曲の始めから再生され、ダブルクリックすると前の曲へスキップします。また、長押しすると、曲が巻き戻されます。

⏭をクリックすると次の曲へスキップし、長押しすると曲が早送りされます。

⏸をクリックすると、曲が停止します。

○を左右にドラッグすると、音量の調節が行えます。

第2章 iTunesで曲を管理しよう

Section 13 次に再生したい曲を設定しよう

「次はこちら」は、次に再生したい曲を指定できる機能です。曲の再生中に聴く順番を変えたい場合は、このリストを活用するとよいでしょう。また、曲を追加したり、再生履歴から曲を再生したりすることもできます。

次に再生したい曲を選択する

(1) 曲を再生中に、☰ をクリックします。

(2) 「次はこちら」をクリックすると、再生される曲が順番に表示されるので、次に再生したい曲を任意の場所にドラッグ&ドロップします。

(3) 再生される曲の順番が変更されます。☰ をクリックすると、ウィンドウの表示が消えます。

「次はこちら」に曲を追加する

① 曲を再生中に、次に再生したい曲にポインターを合わせ、… をクリックします。

クリックする

② ＜次に再生＞をクリックします。

クリックする

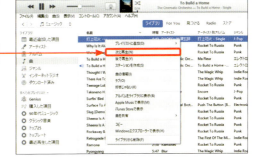

③ ≡ をクリックすると、「次はこちら」に手順②で選択した曲が表示されていることを確認できます。

クリックする

表示される

Memo 右クリックで追加する

曲名を右クリックし、＜次に再生＞をクリックすることでも、「次はこちら」に曲を追加することができます。

①右クリックする **②クリックする**

再生履歴から曲を選択する

① 曲を再生中に、≡ をクリックし、＜履歴＞をクリックします。

② これまでに再生した曲が一覧表示されます。再生したい曲をダブルクリックします。

ダブルクリックする

③ ダブルクリックした曲が再生されます。

再生される

Memo リストを削除する

「次はこちら」画面で＜削除＞をクリックすると、リストの曲がすべて削除され、再生中の曲が終わると、何も再生されなくなります（ライブラリの曲は削除されません）。再度曲を再生して「次はこちら」画面を表示すると、再びリストが表示されます。なお、個別にリストから曲を削除したいときは、削除したい曲にポインターを合わせ、⊖をクリックします。

40

Section 14 いろいろな再生方法で聴こう

iTunes内の曲の再生は、リピートやシャッフルなどさまざまな方法があります。好きな曲やアルバムだけをくり返し聴きたいときはリピート再生が、気分を変えてランダムに曲を聴きたいときはシャッフル再生がおすすめです。

リピートして再生する

(1) 曲を再生中に、🔁 をクリックします。

(2) 🔁 に表示が変わり、再生中のアルバムまたはプレイリストがリピート再生されます。🔁 をクリックします。

(3) 🔁 に表示が変わり、現在再生している曲だけをくり返し再生します。🔁 をクリックすると、もとに戻ります。

Memo シャッフルして再生する

手順①の画面で、✕ をクリックすると、曲がランダムに再生されるようになります。アルバムやプレイリストを選択して再生している場合にはアルバムやプレイリスト内の曲を、それ以外の場合はiTunesに取り込まれているすべての曲をシャッフルして、ランダムに再生します。

第2章 iTunesで曲を管理しよう

Section 15 再生画面をカスタマイズしよう

iTunesでは、アルバムやアーティスト、ジャンルごとに表示を変えて再生することができます。アルバムを選ぶと、アートワークが表示され、楽しく利用することができます。使いやすい再生画面を選びましょう。

アルバムから選択して再生する

(1) 「ミュージック」画面になっていることを確認し、サイドバーから<アルバム>をクリックします。

(2) 再生したい曲を含むアルバム画像をクリックします。

(3) 曲が一覧で表示されます。再生したい曲名にポインターを合わせ、▶をクリックすると、曲が再生されます。なお、手順②の画面で、アルバム画像をダブルクリックすると、アルバム単位で曲を再生できます。

アーティストから選択して再生する

(1) 「ミュージック」画面になっていることを確認し、サイドバーから＜アーティスト＞をクリックします。

クリックする

(2) アーティスト一覧から、再生したいアーティスト名をクリックします。

クリックする

(3) 曲が一覧で表示されます。再生したい曲名にポインターを合わせ、▶をクリックすると、曲が再生されます。

クリックする

Memo ジャンルを選択して再生する

手順①の画面で、＜ジャンル＞をクリックすると、ジャンルの一覧が表示されます。再生したいジャンルをクリックし、聴きたい曲名にポインターを合わせ、▶をクリックすると、曲が再生されます。

第2章 iTunesで曲を管理しよう

取り込んだ曲を検索しよう

検索機能を使えば、iTunesに取り込んだ曲をすぐに検索して見つけることができます。曲を入れすぎて今すぐ聴きたい曲が見つからないときなどに使うと、すばやく曲が見つかるので便利です。

ライブラリ内の曲を検索する

1. 「ライブラリ」画面で、画面右上の<検索>をクリックします。

2. 検索したい曲に含まれるキーワードを入力し、Enterを押します。

3. ライブラリ内の検索結果が表示されます。検索フィールドの✕をクリックすると、検索が解除されます。

条件を絞り込んで検索する

(1) P.44手順③の画面で、検索フィールドの Q∨ をクリックします。

クリックする

(2) 絞り込みたい任意のフィルター（ここでは＜アーティスト＞）をクリックします。

クリックする

(3) フィルターが反映された検索結果が表示されます。検索フィールドの ⊗ をクリックすると、検索が解除されます。

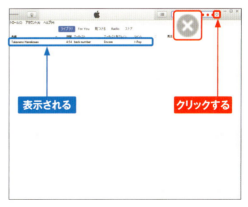

表示される　　クリックする

第2章 iTunesで曲を管理しよう

Section 17 プレイリストを作成しよう

iTunesのプレイリスト機能を使うと、テーマやシチュエーション別など、自由に曲をまとめることができます。また、iPhoneやiPadと同期すれば、デバイスからでもプレイリストにまとめた曲を楽しむことができます。

プレイリストを作成する

① 「ミュージック」画面になっていることを確認し、サイドバーから<曲>をクリックします。

クリックする

② プレイリストに追加したい曲をサイドバーの何も表示されていない箇所にドラッグ&ドロップします。

ドラッグ&ドロップする

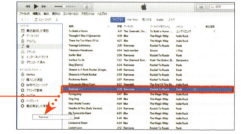

③ 新しいプレイリストが作成されます。

作成される

46

④ プレイリストを2回クリックし、任意のプレイリスト名を入力したら、Enterを押します。

入力する

⑤ <曲>をクリックし、P.46手順③で作成したプレイリストに、追加したい曲をドラッグ&ドロップします。

①クリックする
②ドラッグ&ドロップする

⑥ 作成したプレイリストをクリックすると、手順⑤で選択した曲がプレイリストに追加されていることを確認できます。

クリックする
追加される

第2章 iTunesで曲を管理しよう

47

第2章 iTunesで曲を管理しよう

Section 18 プレイリストを編集しよう

プレイリスト作成すると、自由に曲の追加や削除、名前の変更、フォルダー分けといった編集ができるようになります。曲はアルバム単位で追加することも可能です。プレイリストを使いやすいように、自分流にカスタマイズしてみましょう。

任意のプレイリストに曲を追加する

① 「ミュージック」画面になっていることを確認し、サイドバーから任意のプレイリストをクリックします。

クリックする

② 別のプレイリストに追加したい曲を右クリックし、「プレイリストに追加」にポインターを合わせて、追加先のプレイリスト名をクリックします。

❶ 右クリックする
❷ クリックする

48

③ サイドバーからP.48手順②で選択したプレイリストをクリックします。

クリックする

④ 曲が追加されているのを確認できます。

追加される

Memo アルバム単位で追加する

プレイリストには、アルバム単位で追加することもできます。P.48手順①の画面で＜アルバム＞をクリックし、プレイリストに追加したいアルバムをドラッグ＆ドロップすると、追加することができます。

ドラッグ＆ドロップする

🎵 プレイリスト名を変更する

① P.48手順①の画面で、名前を変更したいプレイリスト名をクリックします。

② 再度プレイリスト名をクリックし、任意のプレイリスト名を入力したら、Enterを押して確定します。

🎵 プレイリストを削除する

① P.48手順①の画面で、削除したいプレイリスト名を右クリックし、＜ライブラリから削除＞をクリックします。

② ＜削除＞をクリックすると、プレイリストが削除されます。なお、プレイリストを削除しても、ライブラリの曲は削除されません。

🎵 プレイリストの曲順を変更する

(1) サイドバーから任意のプレイリストをクリックすると、プレイリスト内の曲が表示されます。

(2) 曲順を変更したい曲を、変更したい箇所にドラッグ&ドロップします。

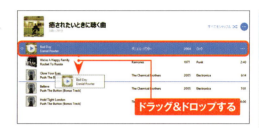

(3) 曲順が変更されます。

Memo プレイリストの曲順をジャンル別にソートする

名前やジャンル、アーティストごとにソートしたいときは、手順①の画面で、画面上部の<表示>をクリックします。「表示順序」にポインターを合わせ、<名前>や<ジャンル>、<アーティスト>をクリックすると、選択したジャンル別に曲順を変更できます。

第 2 章 iTunesで曲を管理しよう

Section 19 プレイリストを自動で作成しよう

スマートプレイリスト機能を使えば、演奏時間や再生回数、アーティスト名、ジャンルなどのさまざまな項目で、共通する音楽を自動的にプレイリストとして作成することができます。

スマートプレイリストを利用する

(1) 「ミュージック」の「ライブラリ」画面を表示し、画面左上の<ファイル>をクリックしたら、「新規」にポインターを合わせ、<スマートプレイリスト>をクリックします。

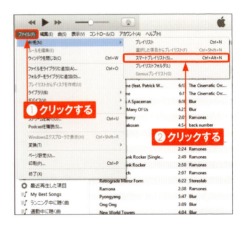

❶ クリックする
❷ クリックする

(2) 「スマートプレイリスト」画面が表示されるので、条件を設定して、<OK>をクリックします。

❶ 設定する
❷ クリックする

52

③ プレイリスト名が反転して表示されます。

④ 任意のプレイリスト名を入力し、Enterを押します。

⑤ プレイリストが作成されます。

Memo スマートプレイリストの条件の追加

P.52手順②の画面で、＋をクリックすると、条件を追加することができます。

第2章 iTunesで曲を管理しよう

Section 20 プレイリストを使って再生しよう

プレイリストの曲を再生すると、プレイリスト内に保存された曲だけが再生されます。用途に合わせてプレイリストを作っておけば、曲を選ぶ手間がかかりません。また、プレイリストの表示方法の変更もできます。

プレイリストを再生する

① 「ミュージック」の「ライブラリ」画面になっていることを確認し、サイドバーから再生したいプレイリストをクリックし、▶をクリックします。

② プレイリスト内の曲が再生されます。

Memo そのほかの再生方法

手順①の画面で、聴きたいプレイリストをダブルクリックすることでも、プレイリスト内の曲を再生することができます。

プレイリストの表示方法を変更する

① P.54手順①の画面で、画面上部の＜表示＞をクリックし、「表示形式」にポインターを合わせて、＜曲＞をクリックします。

② プレイリスト内の曲が曲別に表示されます。

③ 手順①の画面で、＜アルバム＞をクリックすると、プレイリスト内の曲がアルバム別に表示されます。

第2章 iTunesで曲を管理しよう

Section 21 ミニプレーヤーを利用しよう

iTunesの画面が大きくて邪魔になるときは、ミニプレーヤーを利用すると便利です。プレーヤーをコンパクトにまとめられるので、ほかの操作の邪魔になりません。「次はこちら」や検索機能などは、標準プレーヤーと同様に利用できます。

ミニプレーヤーを利用する

(1) 「ミュージック」の「ライブラリ」画面になっていることを確認し、画面上部の＜表示＞をクリックしたら、＜ミニプレーヤーに切り替え＞をクリックします。

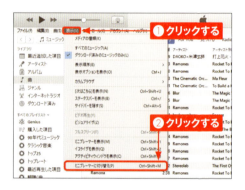

(2) iTunesがミニプレーヤーに切り替わります。▶をクリックします。

(3) 曲が再生され、アートワークや曲名などが表示されます。

ミニプレーヤーの操作方法

● 次はこちら

≡ をクリックすると、「次はこちら」（P.38参照）が表示されます。再度クリックすると、表示が消えます。

● 検索

🔍 をクリックすると、キーワードで曲を検索できます。＜キャンセル＞をクリックすると、表示が消えます。

● 操作メニュー

曲を再生中に、ミニプレーヤーにポインターを合わせると表示される …をクリックすると、そのほかの操作メニューが表示されます。再度クリックすると、表示が消えます。

● 標準のプレーヤーに戻す

❎をクリックすると、ミニプレーヤーから標準のプレーヤーに戻ります。

Memo 標準のプレーヤーといっしょに表示する

P.56手順①の画面で＜ミニプレーヤーを表示＞をクリックすると、切り替えをせずにミニプレーヤーを表示させることができます。

第2章 iTunesで曲を管理しよう

Section 22 アルバムアートワークを取得しよう

新しく音楽を取り込んだアルバムがあれば、アートワークを取得しましょう。アートワークを入手すると、表示画像でアルバムの判別ができるので便利です。曲の再生中にも表示され、より音楽を楽しむことができます。

🎵 アルバムアートワークを取得する

① あらかじめApple IDにサインインしたうえで、「ミュージック」の「ライブラリ」画面でアートワークを取得したいアルバムを右クリックし、＜アルバムアートワークを入手＞をクリックします。

② 確認画面が表示されるので、＜アルバムアートワークを入手する＞をクリックすると、アートワークを取得できます。なお、曲によっては、アートワークを取得できないものもあります。

Memo 手動でアルバムアートワークを追加する

iTunesのアルバムアートワークは、手動で追加したり削除したりすることができます。手順①の画面で、＜アルバムの情報＞→＜項目を編集＞の順にクリックすると、アルバムの詳細情報が表示されます。＜アートワーク＞→＜アートワークを追加＞の順にクリックすると、パソコン内に保存されている任意の画像を設定することができます（Sec.74参照）。iTunesからアルバムアートワークをダウンロードできない場合に、利用してみるとよいでしょう。

第2章 iTunesで曲を管理しよう

Section 23 曲名やアーティスト名を変更しよう

iTunesに取り込んだ曲には、曲名やアーティスト名をはじめ、さまざまな情報が保存されています。これらの情報は、あとから自由に変更できます。再生中に曲名やアーティスト名などが間違って表示されている場合は、変更しましょう。

曲の情報を変更する

① 「ミュージック」の「ライブラリ」画面で、情報を変更したい曲を右クリックし、<曲の情報>をクリックします。

② <詳細>をクリックして変更したい情報を入力したら、<OK>をクリックします。

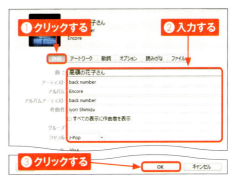

③ 情報が変更されます。

第2章 iTunesで曲を管理しよう

Section 24 曲を削除しよう

不要になった曲や間違えて取り込んでしまった曲などは、かんたんにiTunesから削除できます。曲を整理して、使いやすい状態を保ちましょう。削除した曲の音楽ファイルは、パソコン内に残したままにすることもできます。

曲を削除する

(1) 「ミュージック」の「ライブラリ」画面で、削除したい曲名を右クリックし、＜ライブラリから削除＞をクリックします。

(2) ＜曲を削除＞をクリックします。

(3) ＜ごみ箱に入れる＞または＜ファイルを保持＞をクリックすると、曲が削除されます。

Memo ファイルを保持する

手順③の画面で、＜ファイルを保持＞をクリックすると、iTunesのライブラリから曲が削除されますが、パソコン内（「iTunes Media」フォルダー）からは削除されません。

iTunes Storeを利用しよう

Section 25	iTunes Storeを表示しよう
Section 26	サインイン・サインアウトしよう
Section 27	聴きたい曲を探そう
Section 28	曲のランキングを見よう
Section 29	カラムブラウザで曲を探そう
Section 30	曲を試聴・購入しよう
Section 31	ウィッシュリストを利用しよう
Section 32	アルバム内の残りの曲をまとめて購入しよう

第3章 iTunes Storeを利用しよう

Section 25 iTunes Store を表示しよう

iTunes Storeを使えば、音楽や映画など、iTunesをさらに楽しむためのコンテンツをダウンロードすることができます。ダウンロードしたコンテンツはデバイスと同期して共有することもできます。

iTunes Storeにアクセスする

① iTunesを起動し、<ストア>をクリックします。

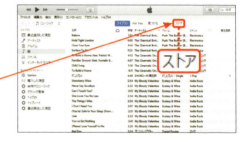

クリックする

② 「ストア」画面が表示され、iTunes Storeにアクセスできます。

Memo 「ライブラリ」画面に戻る

手順②の画面で、<ライブラリ>をクリックすると、「ストア」画面から「ライブラリ」画面に戻ることができます。

クリックする

🎵 iTunes Storeの画面構成

曲の再生中に、次に再生される曲や、再生した曲の履歴などを確認できます。

iTunes Store内のすべてのコンテンツを検索できます。

＜は前のページに、＞は戻る前のページに移動します。

ミュージックのほか、映画やオーディオブックなどのコンテンツを選択できます。

Memo 曲からiTunes Storeへアクセスする

「ライブラリ」画面で曲を右クリックし、＜iTunes Storeで表示＞をクリックすると、その曲がiTunes Storeで販売されている場合に曲の購入画面などを開くことができます。

第3章 iTunes Storeを利用しよう

Section 26 サインイン・サインアウトしよう

iTunes Storeでコンテンツをダウンロードするためには、あらかじめApple IDにサインインしておく必要があります。Apple IDを持っていない場合は、Sec.07を参考に作成しましょう。

🎵 サインインする

① iTunesを起動し、＜ストア＞をクリックします。

② 「ストア」画面が表示されます。＜アカウント＞→＜サインイン＞の順にクリックします。

③ Apple IDとパスワードを入力し、＜サインイン＞をクリックすると、サインインが完了します。

🎵 サインアウトする

① iTunesを起動中に、＜アカウント＞をクリックします。

クリックする

② ＜サインアウト＞をクリックすると、Apple IDからサインアウトできます。

クリックする

Memo クレジット残高の表示について

Apple IDをクレジットカードではなくiTunes Cardで利用している場合（Sec.08参照）は、画面右上にクレジットの残高が表示されます。ただし、しばらくアカウント情報を表示していない場合は、情報が古くなっていることがあります。そのようなときは、手順②の画面で＜マイアカウントを表示＞をクリックすると、最新の状態になります。

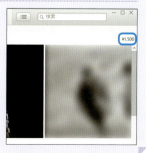

第3章 iTunes Storeを利用しよう

65

第3章 iTunes Storeを利用しよう

聴きたい曲を探そう

iTunes Storeでは、たくさんの曲が配信されています。自分の聴きたい曲を探したい場合には、検索機能を使うとすぐに見つけることができます。また、ジャンル別に曲を探すこともできます。

検索を使って曲を探す

① 「ストア」画面で、画面右上の<検索>をクリックし、探したい曲名やアルバム名、アーティスト名などのキーワードを入力して、Enterを押します。

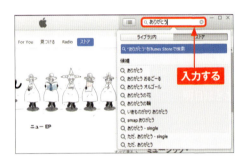

入力する

② iTunes Store内のすべての検索結果が表示されます。<ソング>をクリックします。

クリックする

③ 楽曲のみの検索結果が表示されます。上下にスクロールして曲を探します。なお、手順②で<アルバム>をクリックすると、アルバムのみの検索結果が表示されます。

スクロールする

ジャンルから曲を探す

① 「ストア」画面で、画面右側に表示されているコンテンツ名が「ミュージック」になっていることを確認します。なっていない場合は、コンテンツ名をクリックして、＜ミュージック＞をクリックします。

② ＜すべてのジャンル＞をクリックし、聴きたい曲のジャンル（ここでは＜クラシック＞）をクリックします。

③ 選択したジャンルの曲が表示されます。

Memo そのほかの曲を探す方法

iTunesでは、キーワード検索やジャンルから曲を探す以外にも、さまざまな曲の探し方があります。手順①の画面で、画面右側に表示されている項目から＜あなたへのおすすめ＞をクリックすると、自分の持っている音楽に合わせて、Geniusがおすすめの曲を教えてくれます。ほかにも、「スタッフのおすすめ」や「ニューアーティスト」などさまざまな切り口で曲を探すことができます。

第3章 iTunes Storeを利用しよう

Section 28 曲のランキングを見よう

何の曲を聴こうか迷ったときは、ランキングを見てみましょう。iTunes Storeでは、ダウンロード数などをもとに最新のランキング情報が配信されています。ランキングは、ジャンル別に見ることもできます。

曲のランキングを見る

1 「ストア」画面を表示し、画面を下方向にスクロールします。

スクロールする

2 <トップソング>をクリックします。

クリックする

トップソング >

3 人気のある曲がランキング形式で一覧表示されます。<アルバム>をクリックします。

アルバム

クリックする

4 人気のあるアルバムが一覧表示されます。

68

🎵 ジャンル別のランキングを一覧表示する

① P.68手順③または④の画面で、＜すべてのカテゴリ＞をクリックします。

② 任意のジャンル（ここでは＜ジャズ＞）をクリックします。

③ 選択したジャンルの曲がランキングで表示されます。

第3章 iTunes Storeを利用しよう

Section 29 カラムブラウザで曲を探そう

カラムブラウザとは、自分の聴きたい曲のジャンルやアーティストを選ぶだけで、目的の曲を探し出すことができる機能です。曲名がわからない場合などにも活用できる機能です。

カラムブラウザで表示する

① 「ストア」画面を表示し、<表示>をクリックします。

クリックする

② 「カラムブラウザ」にポインターを合わせ、<カラムブラウザを表示>をクリックします。

クリックする

③ 画面がカラムブラウザに切り替わります。

④ 「iTunes Store」の<ミュージック>をクリックします。

クリックする

⑤ 「ジャンル」から聴きたい音楽のジャンル(ここでは<J-Pop>)をクリックします。

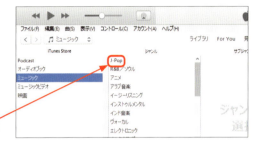

クリックする

⑥ 「アーティスト」から任意のアーティスト名をクリックし、「アルバム」から聴きたいアルバム名をクリックします。

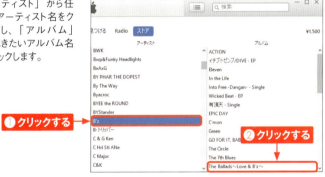

❶クリックする　**❷クリックする**

⑦ アルバムに含まれる曲が一覧で表示されます。曲をダブルクリックすると、試聴できます。

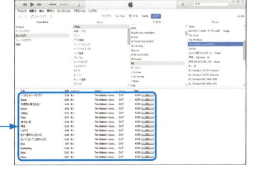

アルバム内の曲が表示される

第3章 iTunes Storeを利用しよう

第3章 iTunes Storeを利用しよう

Section 30 曲を試聴・購入しよう

iTunes Storeでは、検索した曲を試聴することができます。試聴した曲は、iTunes Storeで購入することもできます。なお、曲の購入には、iTunes Storeへサインインする必要があります。

曲を試聴する

① Sec.27を参考に、試聴したい曲が収録されているアルバムを表示します。

② 曲名にポインターを合わせると▶が表示されます。▶をクリックします。

クリックする

③ 曲の一部を試聴できます。

Memo プレビュー履歴を利用する

以前試聴した曲をもう一度聴きたい場合は、プレビュー履歴を利用しましょう。「ストア」画面で、画面上部の<アカウント>をクリックし、<ウィッシュリスト>をクリックします。画面右側の「プレビュー」に曲が一覧表示されるので、サムネイルや番号にポインターを合わせ、▶をクリックすると再度試聴できます。

クリックする

曲を購入する

(1) Sec.27を参考に、購入したい曲が収録されているアルバムを表示し、購入したい曲の価格をクリックします。

(2) Apple IDとパスワードを入力し、＜購入する＞→＜購入する＞の順にクリックします。

(3) ダウンロードが開始されます。

Memo コンテンツのDRM

DRMとは、デジタルコンテンツの著作権保護などを目的として、その利用・複製（コピー）を制限するための技術です。iTunes Storeで現在販売されている楽曲は、すべてが「DRMフリー」化されています。これにより、iTunes Storeで購入した曲は、CDへコピーしたり、Apple以外のさまざまなデバイスで再生したりすることが可能になっています。なお、一部の動画においてもDRMのフリー化が確認されています。

第3章 iTunes Storeを利用しよう

Section 31 ウィッシュリストを利用しよう

iTunes Storeで「気になる」「あとで買おう」と思った曲があったときは、ウィッシュリストに追加しておくとよいでしょう。追加した曲はあとからでもすぐに確認したり視聴したりすることができるので便利です。

曲をウィッシュリストに追加する

① あらかじめApple IDにサインインしたうえで、iTunes Storeでウィッシュリストに追加したい曲を表示し、価格の右に表示されている をクリックします。

② <ウィッシュリストに追加>をクリックします。

Memo ウィッシュリストへ追加できるもの

ウィッシュリストには、アルバム単位でも追加することができます。また、映画(レンタルは除く)やオーディオブックのコンテンツもウィッシュリストへ追加できます。

74

🎵 ウィッシュリストを表示する

① 「ストア」画面を表示し、＜アカウント＞をクリックします。

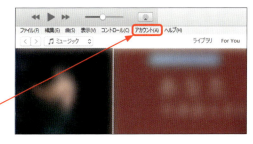

クリックする

② ＜ウィッシュリスト＞をクリックします。

クリックする

③ 「ウィッシュリスト」画面が表示され、追加した曲などを確認したり、視聴したりできます。

Memo ウィッシュリストから曲を購入する

各リストに表示されている価格をクリックすると、「ウィッシュリスト」画面から直接コンテンツを購入することができます。

クリックする

第3章 iTunes Storeを利用しよう

Section 32 アルバム内の残りの曲をまとめて購入しよう

すでに購入済みの曲が入ったアルバムを購入したいときは、「コンプリート・マイ・アルバム」を利用しましょう。購入済みの曲を除いた金額でアルバムを購入することができます。

コンプリート・マイ・アルバムを利用する

① 「ストア」画面で、＜コンプリート・マイ・アルバム＞をクリックします。

② 「コンプリート・マイ・アルバム」画面が表示され、対象のアルバムが一覧表示されます。購入したいアルバムのアートワークまたはアルバム名をクリックします。

③ アルバムの購入画面が表示されます。＜￥○○購入する＞をクリックすると、購入済みの曲の価格を引いた金額でアルバム全曲を購入することができます。

Memo コンプリート・マイ・アルバムの条件

iTunes Storeでアルバムが販売されていない曲やプロモーションで提供された曲、「今週のシングル」などの無料キャンペーンでダウンロードした曲には、コンプリート・マイ・アルバムが適用されません。また、一部のアルバムには、コンプリート・マイ・アルバムが適用されていないものもあります。

iTunes Storeを もっと楽しもう

Section 33	Apple Musicを始めよう
Section 34	Apple Musicの曲を再生しよう
Section 35	Apple Musicの曲をダウンロードしよう
Section 36	Podcastを探そう
Section 37	Podcastのエピソードを再生しよう
Section 38	Podcastのエピソードをダウンロードしよう
Section 39	インターネットラジオを聴こう
Section 40	映画を探そう
Section 41	映画をレンタル・購入しよう
Section 42	オーディオブックを探そう

第4章 iTunes Storeをもっと楽しもう

Section 33 Apple Musicを始めよう

Apple Musicは、インターネットを介して音楽をストリーミング再生できる新しいサービスです。月額料金を支払えば、数千万曲以上の音楽が聴き放題です。Apple Musicに登録して音楽を楽しみましょう。

Apple Musicとは

Apple Musicは、月額制の音楽ストリーミングサービスです。有料会員のメンバーシップは、個人プランは月額980円、ファミリープランは月額1,480円、学生プランは月額480円で、利用解除の設定を行わない限り、毎月自動で更新されます。Apple Musicのメンバーになると、さまざまなジャンルやアーティストの楽曲が数千万曲以上聴き放題になるほか、ミュージックエディターのおすすめを確認したり、有料のラジオを聴いたりすることができます。また、ファミリープランでは、家族6人まで好きなときに好きな場所で、Apple Musicを楽しむことができます。なお、同じApple IDでApple Musicにサインインしていれば、iPhoneやiPadからでも音楽を楽しめます。3か月間、無料でサービスを利用できるトライアルキャンペーンを実施中です（2018年3月現在）。

● Apple Musicでできること

・曲の再生やリピート、シャッフル、歌詞の表示
・おすすめのアルバムやプレイリストを紹介する「For You」
・新曲や人気の曲、注目の曲を毎週配信する「見つける」
・著名なアーティストやDJが進行するラジオ番組を配信する「Radio」
・Apple Musicカタログから曲の検索や追加、ダウンロード
・プレイリストの作成

● Apple Musicの3つの機能

For You	見つける	Radio
普段聴いている曲やジャンル、アーティストに合わせて、おすすめの曲を教えてくれます。ユーザーの好みを学習するので、使えば使うほど精度が上がります。	新着ミュージックや最新のアルバム情報などを確認できます。プレイリストを探すこともできるので、その時の気分に合った音楽を楽しむことができます。	世界100か国以上に向けて、毎日24時間放送しているインターネットラジオを聴くことができます。自分だけのラジオ局を作成することもできます。

🎵 Apple Musicに登録する

① iTunesを起動し、＜For You＞をクリックします。

② ＜プランを選択＞をクリックします。

③ Apple Musicには、「個人」「ファミリー」「学生」の3種類のプランが用意されています。ここでは、＜個人＞をクリックして選択し、＜トライアルを開始＞をクリックします。

④ Apple IDを確認し、パスワードを入力したら、＜購入する＞をクリックし、画面の指示に従って進みましょう。

Memo 利用を停止する

Apple Musicは、利用を停止しないかぎり自動で更新されるシステムになっています。無料トライアル終了後、途中でやめたくなったときは、画面上部の＜アカウント＞→＜マイアカウントを表示＞の順にクリックし、「設定」の「登録」の＜管理＞をクリックして、自動更新を停止しましょう。

第4章 iTunes Storeをもっと楽しもう

Section 34 Apple Music の曲を再生しよう

Apple Musicに登録したら、曲を再生してみましょう。Apple Musicの「For You」では、あらかじめ指定したジャンルやアーティストのプレイリストやアルバムを聴くことができます。

🎵 Apple Musicの曲を再生する

① iTunesを起動し、＜For You＞をクリックしたら、聴きたいプレイリストをクリックします。

② プレイリスト内の曲が一覧表示されます。聴きたい曲にポインターを合わせ、▶をクリックします。

③ 曲の再生が始まります。⏸をクリックすると、曲が停止します。

第4章 iTunes Storeをもっと楽しもう

Section 35 Apple Musicの曲をダウンロードしよう

Apple Musicに登録していれば、Apple Music内の曲やアルバム、プレイリストなどをかんたんに自分のライブラリに追加することができます。ライブラリに追加したい曲を探してみましょう。

Apple Musicの曲をダウンロードする

1. Sec.34を参考に任意のプレイリストを表示し、ライブラリに追加したい曲の+をクリックします。

2. ⬇をクリックすると、曲がダウンロードされます。

3. ⊙が表示され、ライブラリに追加されます。なお、右上の<追加>をクリックすると、プレイリスト内のすべての曲をライブラリに追加できます。

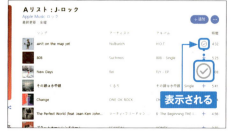

第4章 iTunes Storeをもっと楽しもう

Section 36 Podcastを探そう

Podcastは、iTunes Storeで視聴できる無料の音声、動画放送です。キーワード検索ができるほか、ランキングやカテゴリからも探せるので、興味のあるエピソードを見つけて、Podcastを楽しみましょう。

Podcastとは

Podcastは、インターネット上に配信されている番組のことで、音声で聴いたり動画を視聴したりすることができます。テレビ番組やラジオ番組と同じように、ダウンロードすることで視聴が可能で、講義や演奏など、さまざまな種類のイベントを収録したPodcastが配信されています。iTunes Store内にあるPodcastは無料で配信されており、ラジオ番組などのバックナンバーも配信されているので、リアルタイムで番組を見れなかった場合でも楽しむことができます。

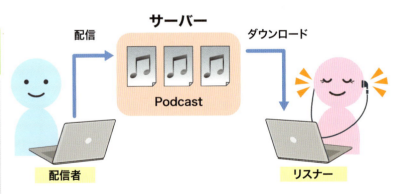

Memo Podcastを配信する

Podcastは、自分で制作して管理したり、配信したりすることができます。Podcastには、公共放送局や民間放送局、個人などが数多く参加しています。Podcastの制作に関しては、Appleの公式サイト「https://www.apple.com/jp/itunes/podcasts/」を参照してください（英語表記のみ）。

検索を使ってPodcastを探す

(1) 「ストア」画面で、画面右上の＜検索＞をクリックし、興味のあるキーワードを入力して、Enterを押します。

(2) 検索結果が表示されます。＜Podcast＞をクリックします。

(3) Podcastのみの検索結果が表示されます。左右にスクロールし、気になるPodcastのサムネイルまたはPodcast名をクリックします。

(4) Podcastの詳細情報や、エピソードが表示されます。

🎵 ランキングからPodcastを探す

① 「ストア」画面で、画面左上の<ミュージック>をクリックし、<Podcast>をクリックします。

② 画面を下方向にスクロールして、<トップPODCAST>をクリックします。

③ 「トップPodcast」画面が表示され、人気があるPodcastのランキングを見ることができます。

Memo エピソードランキングも見れる

手順②の画面で、<トップエピソード>をクリックすると、人気のエピソードがランキングで表示されます。

第4章 iTunes Storeをもっと楽しもう

84

カテゴリからPodcastを探す

① P.84手順③の画面で、＜すべてのカテゴリ＞をクリックし、任意のカテゴリ（ここでは＜コメディ＞）をクリックします。

② 選択したカテゴリのPodcastが表示されます。左右にスクロールして気になるPodcastをクリックします。

③ Podcastの詳細情報や、エピソードが表示されます。

Memo 最新のPodcastのみ確認する

手順①の画面で、＜ニューリリース＞をクリックすると、新しくリリースされたPodcastのみ一覧で確認することができます。新作を購読（P.89参照）したいときなどに利用するとよいでしょう。

第4章 iTunes Storeをもっと楽しもう

Section 37 Podcastのエピソードを再生しよう

Podcastは、iTunes Storeで直接ストリーミング再生する方法と、ダウンロードして再生する方法（Sec.38参照）があります。ここではストリーミング再生する方法を紹介します。

🎵 Podcastのエピソードをストリーミング再生する

① Sec.36を参考に、再生したいPodcastを探し、エピソードを表示したら、再生したいエピソードにポインターを合わせます。

ポインターを合わせる

② ▶をクリックします。

クリックする

③ エピソードが再生されます。⊙または ❚❚ をクリックすると、再生が停止します。

クリックする

86

Podcastのエピソードを視聴する

(1) Sec.36を参考に、視聴したいPodcastを探し、エピソードを表示したら、視聴したいエピソードにポインターを合わせます。ビデオの場合は、■が表示されています。

ポインターを合わせる

(2) ■をクリックします。

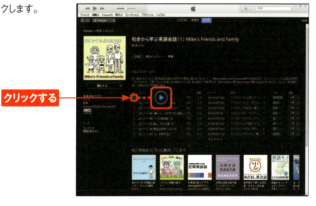

クリックする

(3) エピソードが再生されます。■をクリックすると、再生が停止します。

クリックする

第4章 iTunes Storeをもっと楽しもう

第4章 iTunes Storeをもっと楽しもう

Podcastのエピソードを ダウンロードしよう

PodcastをiTunesにダウンロードすると、iPhoneやiPadと同期して共有することができます。また、気に入ったPodcastの購読設定を行うと、更新されるたびに自動的にダウンロードされます。

🎵 Podcastのエピソードをダウンロードする

① Sec.36を参考に、ダウンロードしたいPodcastを探し、エピソードを表示したら、ダウンロードしたいエピソードの<入手>をクリックします。

② ダウンロードが開始されます。ダウンロードが終わったら、画面上部の<ライブラリ>→<続ける>の順にクリックします。

③ Podcast名をクリックすると、ダウンロードしたエピソードが表示されます。エピソードをダブルクリックすると再生されます。

Memo 「Podcast」画面を表示する

iTunes起動後などは、画面左上の項目から<Podcast>を選択すると、手順③の画面が表示されます。

Podcastを購読する

① P.88手順①の画面で、<購読する>をクリックします。

クリックする → 購読する

② 自動的にダウンロード配信がされる説明が表示されるので、<登録>をクリックします。

クリックする → 登録

③ P.88手順②～③を参考に「Podcast」画面を表示すると、ダウンロードしたエピソードの一覧が表示されます。手順②で登録したPodcastをクリックし、<配信>をクリックします。

❶クリックする　❷クリックする

④ をクリックすると、過去のエピソードをダウンロードできます。

クリックする

Memo 購読を停止する

購読を停止するには、手順③の画面でPodcast名を右クリックし、<Podcastを購読解除>をクリックします。

第4章 iTunes Storeをもっと楽しもう

Section 39 インターネットラジオを聴こう

iTunesでは、音楽の再生やPodcastエピソードの再生ができるほか、世界中のインターネットラジオを聴くことができます。ここではインターネットラジオの聴き方と、プレイリストに追加する方法を解説します。

🎵 インターネットラジオを聴く

① iTunesを起動し、画面左側のサイドバーから<インターネットラジオ>をクリックします。

クリックする

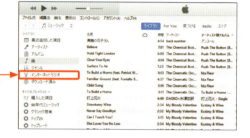

② ジャンル別にカテゴリが一覧表示されます。任意のカテゴリ名の▶をクリックします。

クリックする

③ ストリーム(ラジオ局)の一覧が表示されます。ラジオ局名をダブルクリックすると、ラジオが再生されます。

ダブルクリックする

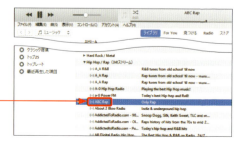

プレイリストにラジオ局を追加する

① あらかじめSec.17を参考にプレイリストを作成したうえで、P.90手順③の画面で、プレイリストに追加したいラジオ局を任意のプレイリストにドラッグ&ドロップします。

② 手順①で追加したプレイリスト名をクリックすると、ラジオ局が追加されていることを確認できます。

③ ラジオ局にポインターを合わせ、▶をクリックすると、ラジオが再生されます。

Memo Apple MusicのRadioとの違い

インターネットラジオはiTunesをダウンロードしていれば利用できますが、Apple MusicのRadioを利用するには、Apple Musicへの登録が必要です（Sec.33参照）。また、インターネットラジオでは、再生されている曲を保存することができませんが、Apple MusicのRadioでは、流れている曲をライブラリに保存することができます。

第4章 iTunes Storeをもっと楽しもう

Section 40 映画を探そう

iTunes Storeには、さまざまなジャンルの映画が配信されています。ここでは、映画のタイトルなどを入力して探すキーワード検索と、ジャンルから検索する方法を紹介します。

キーワードから検索する

① iTunesを起動し、画面右上の＜検索＞をクリックしたら、映画のタイトルや監督名などのキーワードを入力して Enter を押します。

② ＜映画＞をクリックします。

③ 映画だけの検索結果が表示されます。

Memo 複数のキーワードでも検索できる

iTunes Storeの検索は、複数のキーワードによる検索に対応しています。「タイトル　字幕」と検索すれば、検索したタイトルの字幕版だけが検索結果に表示されます。

92

🎵 ジャンルから検索する

① 「ストア」画面で、画面左上の＜ミュージック＞をクリックします。

② ＜ムービー＞をクリックします。

③ ＜すべてのジャンル＞をクリックし、検索したい任意のジャンル（ここでは＜コメディ＞）をクリックします。

④ 手順③で選択したジャンルの検索結果が表示されます。

第4章 iTunes Storeをもっと楽しもう

Section 41 映画をレンタル・購入しよう

iTunes Storeでは、映画をレンタルしたり購入したりすることができます。同期をすれば、対応デバイスで観ることも可能です。ここでは、映画をレンタル・購入してから観るまでの手順を紹介します。

映画をレンタルする

① Apple IDにサインインしたうえで、Sec.40を参考に映画を探し、レンタルしたい映画をクリックします。

クリックする

② ＜¥○○レンタル＞をクリックします。

クリックする

Memo 映画のレンタル期間と再生可能時間

レンタルした映画は、一度も再生しなければ30日後、一度でも再生すれば48時間後に自動的に削除されます。

③ Apple IDを確認し、パスワードを入力して、<レンタル>をクリックします。

④ レンタルについての確認が表示されたら、<レンタル>をクリックします。

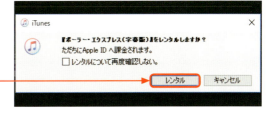

⑤ ダウンロードが開始されます。

⑥ ダウンロードが終わるとポップアップが表示されるので、<今すぐ視聴する>または<後で視聴する>をクリックします。

Memo SDとHDの違い

映画には、標準画質のSDと、高画質のHDの2種類があります。値段もSDとHDでは異なり、SDのほうが割安になっています。また、HDを再生できるのはパソコンやApple TVのほか、iPhone 4以降、iPadのみとなっているので気を付けましょう。

映画を購入する

(1) Apple IDにサインインしたうえで、P.94を参考に購入したい映画を表示し、＜¥○○購入＞をクリックします。

(2) Apple IDを確認し、パスワードを入力して、＜購入する＞をクリックします。

(3) 購入についての確認が表示されたら、＜購入する＞をクリックすると、ダウンロードが開始されます。

(4) ダウンロードが終わるとポップアップが表示されるので、＜今すぐ視聴する＞または＜後で視聴する＞をクリックします。

Memo 購入した映画には再ダウンロードできないものも

購入した映画によっては、一度削除すると再ダウンロードできないものがあります。映画を削除後、もう一度観たいという場合でも、再度購入する必要があるので注意しましょう。

購入した映画を観る

1. P.96手順①の画面で、画面上部の<ライブラリ>をクリックすると、購入した映画が表示されます。なお、レンタルした映画を観たい場合は、<レンタル中>をクリックします。

2. 購入した映画のサムネイルをクリックすると、あらすじや出演者などの情報が表示されます。

3. 手順①の画面で、映画のサムネイルにポインターを合わせ、▶をクリックします。

4. 映画が再生されます。

Memo レンタル映画を観る場合

レンタル映画の場合は、一度再生すると、48時間後に自動で削除されます。手順③のあとに再生を確認する画面が表示されるので、再生したい場合は<再生>をクリックしましょう。

第4章 iTunes Storeをもっと楽しもう

オーディオブックを探そう

オーディオブックは、書籍を音声化したものです。ビジネスや自己啓発をはじめ、ファンタジーやコメディなど、さまざまな種類のオーディオブックが配信されています。ちょっとした時間を有効活用してみましょう。

ジャンルからオーディオブックを探す

① 「ストア」画面で、画面左上から＜ミュージック＞→＜オーディオブック＞の順にクリックします。

② オーディオブックの一覧が表示されます。＜すべてのカテゴリ＞をクリックし、任意のカテゴリ（ここでは＜自己啓発＞）をクリックします。

③ 手順②で選択したカテゴリのオーディオブックが表示されます。

98

第5章

iTunesで情報を共有しよう

Section 43	iPhoneやiPadと同期しよう
Section 44	同期の設定を変更しよう
Section 45	連絡先やカレンダーを共有しよう
Section 46	写真を共有しよう
Section 47	曲を共有しよう
Section 48	映画を共有しよう
Section 49	曲をホームシェアリングしよう
Section 50	ほかのデバイスで購入した曲をダウンロードしよう

第5章 iTunesで情報を共有しよう

Section 43 iPhoneやiPadと同期しよう

iTunesとiPhoneやiPadを同期することで、音楽や映画などのコンテンツを共有し、いつでもどこでも楽しむことができます。ほかにも、写真やブックマーク、連絡先データのバックアップもかんたんに行えるようになります。

デバイスを接続する

① iTunesを起動し、電源を入れたデバイスをUSBケーブルでパソコンに接続します。

② 画面左上に が表示されるので、クリックします。

クリックする

③ デバイス画面が表示されます。

Memo 複数デバイスの接続

iTunesに2台以上のデバイスを接続した状態で、画面左上の をクリックすると、接続中のデバイスが一覧表示されます。任意のデバイスをクリックすると、手順③の画面が表示されます。

クリックする

🎵 デバイスを同期する

(1) P.100手順❸の画面で、画面下部の＜同期＞をクリックします。

(2) iTunesとデバイスの同期が開始されます。

(3) 同期が完了すると、表示がリンゴのマークに戻ります。⏏をクリックして、パソコンとデバイスの接続を解除します。

Memo デバイスで同期できること

iPhoneやiPadをパソコンに接続した際に、同期できる情報とできない情報があります。

同期できる	同期できない
ミュージック／オーディオブック／ブックマーク／連絡先／カレンダー／ムービーおよびテレビ番組／写真（パソコン側）／メモ／書類（ファイル共有Appのみ）	アプリ／着信音／メール／メッセージ／写真（デバイス側）

第5章 iTunesで情報を共有しよう

Section 44

同期の設定を変更しよう

iTunesとiPhoneやiPadを同期する方法はSec.43で紹介しましたが、同期のしかたや同期する内容は、設定から自由に変更することができます。ここでは同期に関する設定と、コンテンツ別の同期方法を紹介します。

同期のオプションの設定を行う

(1) P.100手順②の画面で、▢ をクリックします。

クリックする

(2) 「オプション」から、同期するときに適用したい項目をクリックしてチェックを付け、適用したくない項目をクリックしてチェックを外します。

クリックする

(3) <適用>をクリックすると、デバイスに同期時の設定が反映されます。

クリックする

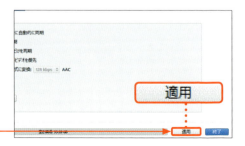

🎵 コンテンツ別の同期設定を行う

(1) P.100手順 ③ の画面で、同期設定をしたいコンテンツ名（ここでは＜ミュージック＞）をクリックします。

クリックする

(2) ＜ミュージックを同期＞をクリックしてチェックを付けます。

クリックする

(3) 同期したい範囲を設定して、＜適用＞をクリックします。

❶設定する

❷クリックする

(4) 同期が開始されます。次回の同期時も同じ設定で同期されます。

同期が開始される

第5章 iTunesで情報を共有しよう

103

第5章 iTunesで情報を共有しよう

Section 45 連絡先やカレンダーを共有しよう

iPhoneやiPadの連絡先やカレンダーも、iTunesと同期することができます。同期するときは、どちらに最新の情報が含まれるかが自動的に判別され、同期したい情報を選択できます。

連絡先を同期する

1. P.100手順③の画面で、<情報>をクリックします。

2. <連絡先の同期先>をクリックしてチェックを付け、保存先を選択します。

3. <適用>をクリックします。

4. 同期が開始されます。

104

カレンダーを同期する

(1) P.104手順②の画面で、＜カレンダーの同期先＞をクリックしてチェックを付け、保存先を選択します。

(2) 「イベントを同期する日数」を入力します。

(3) 画面右下の＜適用＞をクリックします。

(4) 同期が開始されます。

第5章 iTunesで情報を共有しよう

Section 46 写真を共有しよう

iTunesをとおして、パソコン内に保存している写真をiPhoneやiPadと共有することができます。お気に入りの写真を常に見られるように共有しておきましょう。フォルダーごとに共有することもできます。

写真を同期する

1. P.100手順❸の画面で、<写真>をクリックし、<写真を同期>をクリックしてチェックを付けます。

❶クリックする
❷クリックする

2. 「写真のコピー元」で、写真のコピー元を選択します。

選択する

3. 写真を共有するフォルダーをクリックします。

クリックする

Memo デバイスで撮影した写真をWindowsパソコンと共有する

iPhoneやiPadで撮影した写真をWindowsパソコンと共有したいときは、パソコンとデバイスをUSBケーブルで接続し、エクスプローラーを起動します。<PC>をクリックして、デバイスを右クリックし、<画像とビデオのインポート>をクリックしましょう。

④ 任意のフォルダーを
クリックしてチェック
を付けます。

⑤ <適用>をクリック
します。

⑥ 同期が開始されま
す。

Memo 共有した写真を確認するには

パソコンと同期した写真をデバイスで確認するには、ホーム画面で<写真>をタップし、画面下部の<アルバム>をタップします。

第5章 iTunesで情報を共有しよう

Section 47 曲を共有しよう

音楽CDから取り込んだり、iTunes Storeで購入したりしてiTunes内で管理している曲は、iPhoneやiPadと同期することにより、共有することができます。デバイスでもパソコンと同様にiTunesの音楽が楽しめます。

すべての曲を共有する

① P.100手順③の画面で、＜ミュージック＞をクリックします。

② ＜ミュージックを同期＞をクリックしてチェックを付け、＜ミュージックライブラリ全体＞をクリックし、画面右下の＜適用＞をクリックすると、パソコン内のすべての曲が共有されます。

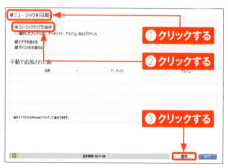

Memo 共有する曲の指定について

手順②の画面で、＜選択したプレイリスト、アーティスト、アルバム、およびジャンル＞をクリックすると、「プレイリスト」や「アーティスト」などライブラリ内の各項目が表示されます。項目にチェックを付けて＜適用＞をクリックすると、該当項目が同期されます。

108

手動で共有する

1. P.102手順②の画面で「オプション」の<音楽とビデオを手動で管理>をクリックし、<適用>をクリックします。

① クリックする
② クリックする

2. 「ミュージック」の「ライブラリ」画面で<曲>をクリックし、Ctrlを押しながら共有したい曲をクリックして、サイドバーのデバイスにドラッグ&ドロップします。

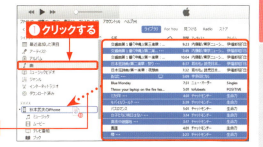

① クリックする
② ドラッグ&ドロップする

3. デバイスと同期が開始されます。手順②の画面で<アーティスト>や<アルバム>をクリックして共有することもできます。

同期が開始される

Memo 手動でプレイリストを共有する

「ミュージック」の「ライブラリ」画面を表示し、共有したいプレイリストを「デバイス」へドラッグ&ドロップすると、デバイスと選択したプレイリストの同期が開始され、共有されます。

ドラッグ&ドロップする

第5章 iTunesで情報を共有しよう

Section 48 映画を共有しよう

iTunes Storeで購入・レンタルした映画を、iPhoneやiPadと共有して楽しむことができます。自宅でパソコンにダウンロードした作品を持ち歩くことで、どこででも鑑賞することができます。

購入した映画を共有する

(1) P.100手順③の画面で、<ムービー>をクリックします。

(2) <ムービーを同期>をクリックしてチェックを付けます。

(3) 「ムービー」にiTunes Storeで購入した作品が表示されるので、共有したい作品をクリックしてチェックを付け、画面右下の<適用>をクリックします。

Memo デバイスで購入した映画について

iTunesで購入した映画はデバイスと共有することができますが、デバイスで購入した映画はiTunesと共有、移動することはできません。

🎵 レンタルした映画を移動する

① P.110手順②の画面で、「レンタルした映画」から、デバイスに移動したい作品を選んで＜移動＞をクリックします。

② 映画が右へと移動します。＜適用＞をクリックします。

③ デバイスへの移動が開始されます。

Memo レンタル映画は移動のみ可能

購入した映画はデバイスと同期して共有することができますが、レンタルした映画は移動のみ可能です。iTunesとデバイスの両方で鑑賞することはできないので、注意が必要です。

第5章 iTunesで情報を共有しよう

Section 49 曲をホームシェアリングしよう

iTunesをホームシェアリングすることで、同じネットワークに接続している別のパソコン（最大5台）のiTunesと、ライブラリの曲や映画などのコンテンツを共有することができます。別のパソコンのライブラリから曲などを取り込むことも可能です。

ホームシェアリングを設定する

① iTunesを起動して、画面左上の＜ファイル＞をクリックします。

② 「ホームシェアリング」にポインターを合わせ、＜ホームシェアリングをオンにする＞をクリックします。

③ Apple IDとパスワードを入力して、<ホームシェアリングをオンにする>をクリックします。

❶入力する
❷クリックする

④ 「ホームシェアリングが有効になりました。」と表示されるので、<OK>をクリックします。

クリックする

Memo ホームシェアリング

ホームシェアリングとは、同じネットワーク内において共通のApple IDを利用することにより、最大5台のパソコンでライブラリ内のコンテンツを共有できるサービスです。別のパソコンからは、ホームシェアリングで共有している曲や映画などが再生できるほか、インポートすることもできます。また、ホームシェアリングを有効にし、同じWi-Fiネットワークを利用すると、iPhoneやiPadなどのiOSデバイスや、Apple TV（第2世代以降）でストリーミング再生することもできます。なお、ホームシェアリングの利用を停止したい場合は、画面左上の<ファイル>をクリックし、「ホームシェアリング」にポインターを合わせ、<ホームシェアリングをオフにする>をクリックします。

ホームシェアリングで音楽を聴く

P.112 〜 113で操作を行ったパソコンとは別のパソコン（ここではMac）のiTunesで、
P.112手順①〜②を参考に、ホームシェアリングをオンにします。

1. Apple IDとパスワードを入力し、＜ホームシェアリングを入にする＞をクリックします。

2. 「ホームシェアリングが有効になりました。」と表示され、ホームシェアリングが利用できるようになります。＜OK＞をクリックします。

3. 「ライブラリ」画面に切り替わります（ここでは「ミュージック」の「ライブラリ」画面）。画面左上の＜○○のライブラリ＞をクリックします。

4. ライブラリの読み込みが開始されます。

114

(5) ホームシェアリングしたライブラリが表示されます。

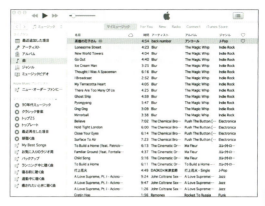

(6) P.36を参考に、聴きたい曲を再生することができます。

Memo インポートと設定について

手順(5)の画面で、取り込みたい曲をクリックして選択し、画面右下の＜インポート＞をクリックすると、別のパソコンのライブラリに曲を取り込めます。また、＜設定＞をクリックし、＜ミュージック＞や＜ムービー＞などをクリックして＜OK＞をクリックすると、ホームシェアリング元が新しくiTunes Storeでコンテンツを購入した際に、自動的に転送されます。

第5章 iTunesで情報を共有しよう

115

第5章 iTunesで情報を共有しよう

Section 50 ほかのデバイスで購入した曲をダウンロードしよう

iTunes in the Cloudは、iTunes Storeで購入したコンテンツ情報をiCloud上で管理し、同じApple IDに紐付けされているデバイスに自動的にダウンロードするサービスです。パソコンとデバイスを直接接続する必要がないので、スムーズに音楽を楽しむことができます。

iTunes in the Cloudとは

iTunes in the Cloudの自動ダウンロードを有効にすると、パソコンまたはデバイスのiTunes Storeで購入した曲は、iCloudをとおして、同時に自動でダウンロードされるようになります。また、今までデバイスの購入履歴管理によって再ダウンロードに制限があった曲も、購入履歴管理がクラウド上に保管されるため、削除した曲を含めて無償で再ダウンロードができます。

自動ダウンロードに設定していない場合でも、購入権はクラウド上で管理されているので、いつでも自分のデバイスやパソコンにダウンロードし直したり、ダウンロードせずにストリーミング再生（P.118〜119参照）したりすることができます。

なお、1つのApple IDで自動ダウンロードを設定できるのは、パソコン5台、デバイス5台までです。

iTunesからもデバイスからも、同じApple IDで購入した曲は再ダウンロードが可能です。

Memo デバイスとApple IDの紐付けと制限

iTunes in the Cloudに登録できるApple IDとデバイスの組み合わせは、一度に1組だけと制限されています。そのため、すでにiTunes in the Cloudに登録してあるデバイスは、ほかのApple IDと紐付けて利用できません。自動ダウンロードを有効にすると自動的にiTunes in the Cloudに登録されるため、登録は慎重に行う必要があります。

🎵 自動ダウンロードを設定する

● iTunesに設定

1. あらかじめApple IDにサインインしたうえで、＜編集＞→＜環境設定＞の順にクリックし、＜ダウンロード＞をクリックします。

2. 「自動的にダウンロード」から、設定したい項目をクリックしてチェックを付け、＜OK＞をクリックします。

● デバイスに設定

1. ホーム画面で＜設定＞→＜iTunes StoreとApp Store＞の順にタップし、iTunes in the Cloudに設定したいApple IDを入力して、＜サインイン＞をタップします。「自動ダウンロード」から、設定したい項目の ○ をタップして、● にします。

Memo 自動ダウンロードの90日間制限

自動ダウンロードを有効にすると、90日間、別のApple IDではダウンロードを行うことができません。

117

曲をストリーミング再生する

(1) <アカウント>をクリックし、<サインイン>をクリックしたら、Sec.26を参考にiTunesにサインインします。

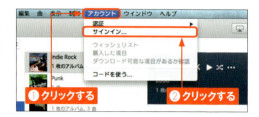

(2) <マイミュージック>をクリックし、<曲>をクリックします。

(3) ☁が表示されているタイトルをダブルクリックします。

(4) クラウド上の曲をダウンロードせずに再生することができます。

Memo 曲をiTunesにダウンロードする

手順③の画面で、曲名の横に表示されている ☁ をクリックすると、曲をiTunesにダウンロードすることができます。

ミュージックビデオをストリーミング再生する

1. P.118手順②の画面で<ミュージックビデオ>をクリックし、 が表示されているタイトルをダブルクリックします。

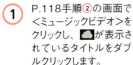

①クリックする
②ダブルクリックする

2. クラウド上のミュージックビデオをダウンロードせずに再生することができます。

再生される

Memo iOS端末ではムービーの自動ダウンロードはできない

iOS端末ではムービーは自動ダウンロードできません。購入したムービーであれば、同じApple IDでログインすることで、<ビデオ>アプリで再生することができます。

Memo iCloudとは

iCloudは、写真、ビデオ、書類、音楽、Appなどをインターネット上のサーバーに保存することで、さまざまなデバイスが、ワイヤレスで同時に最新の情報を共有できるサービスです。iCloudに保存した情報は、家族や友人とかんたんに共有することができます。また、デバイスを紛失した場合も、iCloudをとおして見つけることができます。

iTunesがパソコン内でデータを共有するのに対して、iCloudはインターネット上でデータを共有します。そのためiCloudでは、デバイスどうしを直接接続していなくても、保存されているデータを共有したり、バックアップからデバイスの環境を復元したりすることができます。そのほか、5GBまでデータを無料で保存することができるため、大量の写真の保存にも適しています。

●Windows用iCloudとiTunesの違い

	できること	できないこと
Windows用 iCloud	・写真やビデオの同期／共有 ・メール、連絡先、カレンダー、リマインダーの同期／共有 ・Webブラウザのブックマークを「Safari」アプリに同期／共有 ・「iCloud Drive」アプリで書類を管理 ・ストレージプランのアップデート	・ミュージック、映画、テレビ番組の同期
iTunes	・写真やビデオ（パソコン側）の同期 ・ミュージック、映画、テレビ番組の同期 ・連絡先、カレンダー、ブックマークの同期 ・ファイル共有をサポートするアプリを使用したファイルの転送 ・デバイスのバックアップ	・メール、メッセージの同期 ・写真（デバイス側）の同期

一見いいことずくめのようですが、Windows用iCloudを使用する場合は注意が必要です。ソフトウェアどうしの競合や操作の煩雑さから、「同期したらOutlookの連絡先やカレンダー、タスクが消えた」などの不具合が多数報告されています。その点、iTunesは操作が簡略化されており、Outlook上のデータを相互に互換するため、つないだら消えたということは起こりにくい仕様になっています。どうしてもWindows用iCloudから共有しないといけないという理由がない限り、不具合を避けるためにも、OutlookのデータはiTunesで同期したほうがよいでしょう。

※なお、本書籍ではiCloudを使用せずに解説しています。

第6章

iTunesを もっと使いこなそう

Section 51	iTunesの詳細なメニューを表示しよう
Section 52	Geniusのおすすめを見よう
Section 53	iTunes Matchを利用しよう
Section 54	AirPlayを利用しよう
Section 55	SNSを利用して曲などの情報をシェアしよう
Section 56	音楽CDを作成しよう
Section 57	イコライザを設定しよう
Section 58	新しくパソコンを認証しよう
Section 59	曲をMP3形式で取り込もう
Section 60	音楽ファイルの音質をよくしよう
Section 61	再生音質を向上させよう
Section 62	iTunesに歌詞を登録しよう
Section 63	iPhoneの着信音を作成しよう
Section 64	ハイレゾ音源を購入しよう
Section 65	ハイレゾ音源を再生しよう
Section 66	アップデートしよう
Section 67	iTunesに動画を登録しよう

Section 51 iTunesの詳細なメニューを表示しよう

iTunesの標準では、ステータスバーは非表示に、サイドバーは表示される設定になっています。設定を変更することで、表示/非表示を切り替えることができるので、自分が使いやすいiTunesの画面で利用しましょう。

ステータスバーを表示する

1. iTunesを起動し、画面上部の<表示>をクリックします。

2. <ステータスバーを表示>をクリックします。

3. ステータスバーが表示されます。非表示にしたいときは、手順②の画面で<ステータスバーを隠す>をクリックします。

Memo 表示/非表示のショートカットキー

ステータスバーとサイドバーの表示/非表示は、キーボードからも行えます。ステータスバーは、Ctrl+/、サイドバーは、Ctrl+Alt+Sでいつでも切り替えることができます。必要がないときは非表示にするなどして、画面を見やすくしましょう。

🎵 サイドバーを非表示にする

(1) iTunesを起動し、画面上部の＜表示＞をクリックします。

(2) ＜サイドバーを隠す＞をクリックします。

(3) サイドバーが非表示になります。「ライブラリ」の隣の▼をクリックします。

(4) サイドバーに表示されている項目が表示されます。サイドバーを再表示させたいときは、手順②の画面で＜サイドバーを表示＞をクリックします。

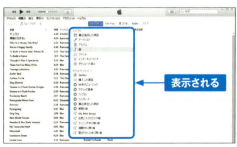

第6章 iTunesをもっと使いこなそう

Section 52 Genius の おすすめを見よう

Geniusは、ライブラリの中から同じテイストの曲を自動的に収集・選択してプレイリストを作成する機能です。また、ライブラリの曲やiTunes Storeで購入した曲をもとに、ライブラリにはないおすすめの曲を紹介してくれます。

Geniusをオンにする

1. iTunesを起動し、画面左上の＜ファイル＞をクリックしたら、「ライブラリ」にポインターを合わせ、＜Geniusをオン＞をクリックします。

2. 「Genius」画面が表示されます。＜Genius機能をオンにする＞をクリックすると、Genius機能がオンになります。

Memo Geniusとは

Geniusとは、「この曲に似た曲を集めて聞きたい」というときに、ベースになる曲を選ぶことで、自動的にプレイリストを生成してくれる機能です。iTunesに登録した曲の再生回数が多いほど、ユーザーの好みに近いリスト作成を行うようになります。Geniusをオンにすると、ライブラリ内の曲名やアーティスト名などの楽曲情報や、プレイリスト内の曲や再生回数、レーティングなどの情報が自動的にAppleに送信されますが、個人を識別するような情報は含まれないので安心して利用できます。

Geniusプレイリストを作成する

(1) 「ミュージック」の「ライブラリ」画面で、ベースにしたい曲をクリックします。

(2) 画面左上の＜ファイル＞をクリックし、「新規」にポインターを合わせ、＜Geniusプレイリスト＞をクリックします。

(3) 手順①で選んだ曲に似たテイストの曲が集められた「Geniusプレイリスト」が作成されます。˅をクリックします。

125

④ Geniusプレイリストの曲数を選択できます。

⑤ P.125手順③の画面で、＜名前＞＜時間＞＜アーティスト＞などをクリックすると、項目ごとに曲を並び替えることができます。

⑥ 曲をダブルクリックすると、再生されます。

Memo Geniusプレイリストの更新

Geniusプレイリスト内に表示されている＜更新＞をクリックすると、同じ曲をベースにしたまま、プレイリスト内の曲を更新することができます。

🎵 Geniusおすすめを利用する

① iTunesを起動し、＜ストア＞をクリックします。

② ＜あなたへのおすすめ＞をクリックします。

③ ライブラリにある曲や購入した曲、映画などを参考に、おすすめの情報が表示されます。

第6章 iTunesをもっと使いこなそう

iTunes Matchを利用しよう

iTunes Matchは、iTunes Store以外で手に入れた音楽をiCloudに保存することができるサービスです。自分の持っているすべての音楽を、パソコンやiPhone、iPadなどで、いつでも楽しむことができます（年間3,980円の登録料がかかります）。

iTunes Matchに登録する

iTunes Matchは、自分が持っているすべての音楽データを直接iCloudに保存するのではなく、iTunes内の音楽データのうち、iTunes Storeで販売されている音楽はiTunes StoreからiCloudに追加し、iTunes Storeにない音楽のみをアップロードします。そのため、もともと持っていた音楽データの音質が低くても、iTunes Storeから追加された音楽は、高音質（256Kbps AAC DRMフリー）で聴くことができます。

① 「ストア」画面を表示し、<iTunes Match>をクリックします。

② <年間登録料¥3,980>をクリックします。

Memo Apple Musicとの違い

Apple MusicとiTunes Matchの違いは、DRM（デジタル著作権）の有無にあります。Apple Musicでダウンロードした曲はDRMで保護されているため、同じApple IDで紐付けられたデバイスでしか聴くことができず、CDを作成することができません。

③ Apple IDとパスワードを入力して、＜登録する＞をクリックしたら、画面の指示に従って進みます。

④ iTunes Matchへの登録が完了します。＜このコンピュータを追加＞をクリックします。

⑤ Apple IDのパスワードを入力して、＜このコンピュータを追加＞をクリックすると、自動的にiTunes内の曲の情報が収集され、マッチング、アップロードが行われます。

第6章 iTunesをもっと使いこなそう

AirPlay を利用しよう

Wi-Fiに接続できるパソコンであれば、iTunes内の音楽をAirPlay対応スピーカーでワイヤレス再生することができます。Bluetooth接続のスピーカーに比べ、音質の劣化がなく、複数のスピーカーを同時に使うことができるのが特徴です。

AirPlayを利用する

① デスクトップ画面右下の ■ をクリックし、＜ネットワーク＞をクリックします。

② ＜Wi-Fi＞をクリックします。

③ 接続するネットワークをクリックし、＜接続＞をクリックすると、選択したネットワークに接続されます。その後、AirPlay対応スピーカーをWi-Fiに接続します。

(4) iTunesを起動し、🔊をクリックして、検出された機器のチェックボックスをクリックします。

(5) 🔊が🔊に変わります。音楽を再生すると、接続した機器から音楽が流れます。

Memo iOSデバイスでAirPlayを利用する

iPhoneやiPadなどのiOSを搭載した端末であれば、AirPlayを使用して音楽を楽しむことができます。ホーム画面で＜設定＞→＜Wi-Fi＞の順にタップしてWi-Fiをオンにしたら、検出されたデバイスをタップしてiOS端末とペアリングします。画面下部を上方向にスワイプしてコントロールセンターを表示し、「ミュージック」の右上に表示されている🔊をタップします。利用可能デバイスのリストから、ペアリングしたデバイスをタップすると、音楽がスピーカーで再生されます。

第6章 iTunesをもっと使いこなそう

Section 55 SNSを利用して曲などの情報をシェアしよう

iTunesでは、TwitterやFacebookなどのSNSを利用して、気軽に曲の情報をシェアすることができます。今聴いている曲の情報を投稿して、友人や家族とその曲をきっかけに交流してみましょう。

Twitterに投稿する

① 「ミュージック」の「ライブラリ」画面で、Twitterに投稿したい曲を右クリックして、＜iTunes Storeで表示＞をクリックします。

② 手順①で選択した曲がiTunes Storeで表示されるので、曲の右側にある◡をクリックし、＜Twitterで共有＞をクリックします。

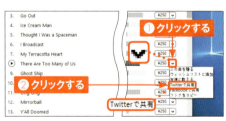

③ Webブラウザが起動し、Twitterの投稿画面が表示されます。投稿内容を入力して＜ツイート＞をクリックすると、Twitterで曲の情報がシェアされます。

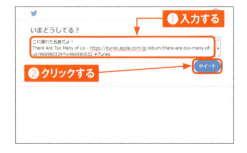

🎵 Facebookに投稿する

① P.132手順①を参考に、Facebookに投稿したい曲をiTunes Storeで表示したうえで、投稿したい曲の右側にある∨をクリックし、＜Facebookで共有＞をクリックします。

② Webブラウザが起動し、Facebookの投稿画面が表示されます。投稿内容を入力して＜Facebookに投稿＞をクリックします。

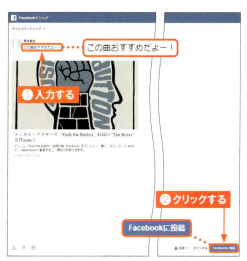

③ Facebookで曲の情報がシェアされます。

第6章 iTunesをもっと使いこなそう

Section 56 音楽CDを作成しよう

パソコンにCD-R／CD-RWドライブ（DVD-R／DVD+Rドライブも含む）が内蔵されているか、または接続されていれば、作成したプレイリストを書き出して、オリジナルの音楽CDを作成できます。

🎵 音楽CDを作成する

P.46を参考に、あらかじめCDに入れたい曲のプレイリストを作成しておきます。

① iTunesを起動し、パソコンに空のCD-Rをセットします（CD-RWは音楽CDには適していないので注意してください）。

② ポップアップが表示されるので、＜OK＞をクリックします。

クリックする

Memo 作成できるCDは3種類

iTunesで作成できるCDは、「音楽CD（オーディオCD）」「MP3 CD」「データCD」の3種類です。音楽CDは一般的なCDプレーヤーで再生でき、MP3 CDはパソコンやMP3形式対応のCDプレーヤーで再生できます。データCDは再生を目的として作成するものではなく、バックアップなどのデータ管理を目的として作成されるCDです。なお、MP3 CDに、iTunes Storeで購入したMP3形式以外のフォーマットの曲を入れる場合は、CDを作成する前にフォーマットをMP3形式に変換する必要があります。

③ サイドバーから、音楽CDを作成したいプレイリストをクリックします。

④ 画面左上の＜ファイル＞をクリックし、＜プレイリストからディスクを作成＞をクリックします。

⑤ 「ディスク作成設定」画面が表示されます。「ディスクフォーマット」の＜オーディオCD＞をクリックしてチェックを付け、「曲の間隔」を設定し、＜ディスクを作成＞をクリックすると、ディスクへの書き込みが開始されます。

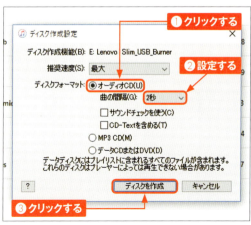

第6章 iTunesをもっと使いこなそう

Section 57 イコライザを設定しよう

iTunesのイコライザを使えば、曲のジャンルや使用するスピーカーに合わせてサウンドをカスタマイズすることができます。イコライザは曲やアルバムごとに設定することもできるので、自分の好みに合わせて調節してみましょう。

イコライザを設定する

1. iTunesを起動し、画面上部の＜表示＞をクリックして、＜イコライザを表示＞をクリックします。

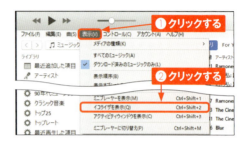

2. 「イコライザ」画面が表示されます。＜オン＞をクリックし、●を上下にドラッグすると、好みの音質に変更できます。

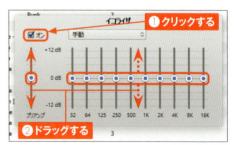

Memo Perfect設定

イコライザの設定で、左から+3、+6、+9、+7、+6、+5、+7、+9、+11、+8（1目盛りが3）の順に設定すると、どのような音楽にもマッチする「Perfect設定」になるといわれています。

プリセットを選択する

1. P.136手順②の画面で＜手動＞をクリックすると、プリセット一覧が表示されます。よく聴く音楽ジャンル（ここでは＜Piano＞）をクリックします。

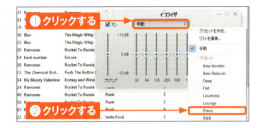

2. 手順①で選択したジャンルに適したイコライザが設定されます。

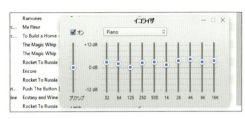

アルバムごとにイコライザを設定する

1. 「ミュージック」の「ライブラリ」画面で＜アルバム＞をクリックし、個別にイコライザを設定したいアルバムを右クリックして、＜アルバムの情報＞をクリックします。

2. ＜オプション＞をクリックし、「イコライザ」の◇をクリックしてアルバムに設定したいプリセットを選択したら、＜OK＞をクリックします。

第6章 iTunesをもっと使いこなそう

Section 58 新しくパソコンを認証しよう

iTunesにパソコンを認証しておけば、同じApple IDを使用してiTunes Storeで購入した音楽や映画などのコンテンツを、最大5台のパソコンで同期したり使用したりすることができるようになります。

新しいパソコンを認証する

1. iTunesを起動し、画面上部の＜アカウント＞をクリックします。

2. 「認証」にポインターを合わせ、＜このコンピューターを認証＞をクリックします。

Memo iTunes Storeで購入済の場合

以前にパソコンのiTunes Storeで曲や映画などを購入している場合は、すでにパソコンが認証されています。

③ 「このコンピュータを認証」画面が表示されるので、Apple IDとパスワードを入力して、＜認証＞をクリックします。

④ 「iTunes Storeにアクセス中」と表示されます。

⑤ 認証が完了したら、＜OK＞をクリックします。なお、P.138手順②の画面で、＜このコンピューターの認証を解除＞をクリックし、Apple IDとパスワードを入力して＜認証を解除＞をクリックすると、認証が解除されます。

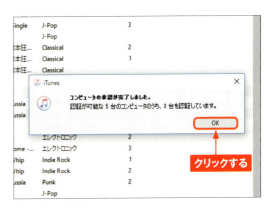

Memo なぜ認証が必要なのか

Apple IDによって紐付けられている購入データやサービスを最大限に活用するためには、パソコンの認証が欠かせません。購入情報はApple IDに残るため、万が一現在のパソコンが故障して新しいパソコンに移行しても、同じApple IDで認証すれば、再度iTunes Storeからコンテンツをダウンロードすることができるようになります。

139

第6章 iTunesをもっと使いこなそう

曲を MP3 形式で取り込もう

音楽CDを、一般に使われているMP3形式の音楽ファイルでiTunesに取り込むことができます。MP3形式は幅広い再生機器に対応しているため、iPhoneやiPad以外で再生したいときにも便利です。

取り込み設定を変更する

① iTunesを起動し、画面上部の<編集>をクリックして、<環境設定>をクリックします。

② <一般>をクリックし、<インポート設定>をクリックします。

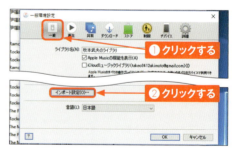

Memo 取り込んだ音楽ファイルの保存場所

取り込んだ音楽ファイルは、手順②の画面で<詳細>をクリックして表示される「詳細環境設定」画面の「[iTunes Media] フォルダーの場所」に、「アーティスト名>アルバム名」のフォルダーが自動的に作成されて保存されます。音楽ファイルの保存場所を変更したい場合は、ここから変更することができます (Sec.06参照)。なお、標準ではWindowsは「Cドライブ」に、Macは「ミュージック」に保存されています。

③ 「インポート設定」画面が表示されます。「インポート方法」から＜MP3エンコーダ＞をクリックします。

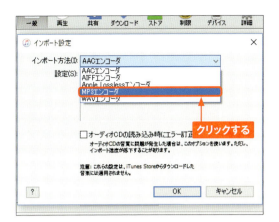

④ 「設定」から好みの音質（ここでは＜高音質＞）をクリックします。＜カスタム＞をクリックすると、より高音質の音楽ファイルを作成できます。

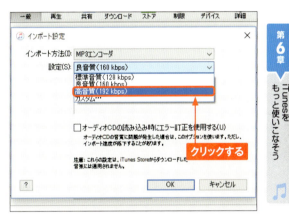

⑤ ＜OK＞→＜OK＞の順にクリックし、Sec.11を参考に音楽CDを取り込みます。

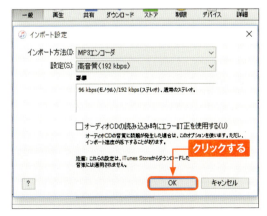

既存の曲をMP3形式に変換する

(1) あらかじめP.140〜141の設定を行ったうえで、MP3形式に変換したい曲をクリックします。

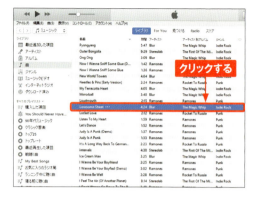

(2) 画面左上の＜ファイル＞をクリックし、「変換」にポインターを合わせ、＜MP3バージョンを作成＞をクリックします。

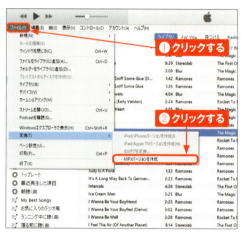

(3) 同じ曲が重複する形で変換が完了します。

第6章 iTunesをもっと使いこなそう

Section 60 音楽ファイルの音質をよくしよう

音楽ファイルのインポート設定では、曲を高音質に変更することができます。なお、一度取り込んだ曲は設定を変更しても高音質にはなりません。設定後に再度iTunesへ取り込み直す必要があります。

音質設定を高音質に変更する

① iTunesを起動し、画面上部の<編集>をクリックして、<環境設定>をクリックします。

② <一般>をクリックし、<インポート設定>をクリックします。

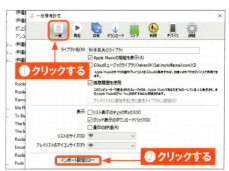

Memo 高音質を楽しむ際の注意

音質を高音質にするためには、一般的にビットレートを上げればよいといわれていますが、音質を高く設定すると、音楽ファイルの容量が大きくなっていきます。また、再生機器によっては再生ができなかったり、思ったとおりの音質で再生されなかったりする場合もあるので、注意が必要です。

143

③ 「インポート設定」画面が表示されます。「インポート方法」から＜Apple Losslessエンコーダ＞をクリックします。

④ ＜OK＞をクリックします。

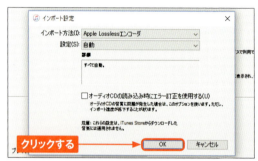

⑤ ＜OK＞をクリックします。

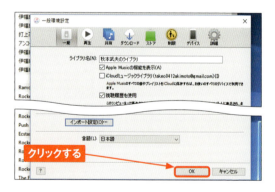

Memo Apple Lossless形式とは

Apple Lossless形式はALAC形式とも呼ばれています。圧縮される情報が少ないため、1曲あたりのファイル容量はかなり大きく（3分の曲で約20MB）なりますが、原音から音質を劣化させることなくインポートできるので、高音質で音楽を楽しめます（P.155Memo参照）。

容量を抑えつつ高音質な設定に変更する

1. P.140手順①〜②を参考に「インポート設定」画面を表示し、「インポート方法」から＜MP3エンコーダ＞をクリックします。

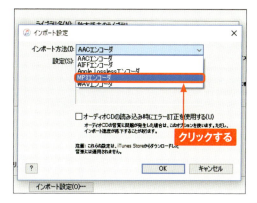

2. 「設定」から＜カスタム＞をクリックします。

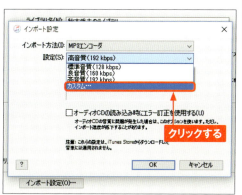

3. 「MP3エンコーダ」画面が表示されます。「ステレオビットレート」を「320 kbps」に設定し、＜可変ビットレート（VBR）のエンコードを使う＞をクリックしてチェックを付けたら、＜OK＞→＜OK＞→＜OK＞の順にクリックします。

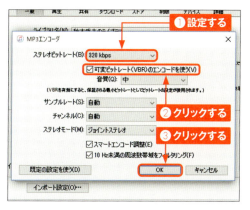

145

第6章 iTunesをもっと使いこなそう

Section 61 再生音質を向上させよう

CDの取り込み設定やイコライザの設定以外にも、iTunesの音質を向上させたり、調整したりする方法があります。ここでは再生時に有効な設定方法を紹介するので、活用してみるとよいでしょう。

「環境設定」で音質を向上させる

① iTunesを起動し、画面上部の<編集>をクリックして、<環境設定>をクリックします。

② <再生>をクリックし、<サウンドエンハンサー>をクリックしてチェックを付けたら、■を左右にドラッグして調整します。「高」にするとよりはっきりとした音になりますが、やり過ぎると不自然な音になってしまう場合もあるので、音を聞きながら調整します。

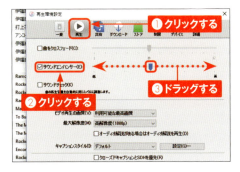

Memo WASAPI対応のDACを利用する

手順②の画面で、「オーディオの再生方法」を「Windows Audio Session」にすると、「WASAPI(Windows Audio Session Application Programming Interface)」を利用した、より高音質な再生が可能になります。さらに、WASAPI対応のDACをパソコンに接続すれば、さらに音質をよくすることができます。

第6章 iTunesをもっと使いこなそう

Section 62 iTunesに歌詞を登録しよう

iTunesで管理している曲に歌詞を登録することで、曲の世界をより深く楽しむことができます。歌詞の登録は、外部のフリーソフトを利用するとかんたんに設定できます。登録した曲をデバイスと共有すれば、楽しみ方はさらに広がります。

Lyrics Master 2を利用する

「Lyrics Master 2」は、邦楽、洋楽問わずあらゆる曲の歌詞を自動的にiTunesへダウンロードする無料のソフトです。通常、iTunes内の曲に歌詞を登録するためには、曲を右クリックし、＜曲の情報＞→＜歌詞＞→＜カスタムの歌詞＞の順にクリックして、歌詞を入力するという手順ですが、「Lyrics Master 2」を利用すれば、かんたんな操作で自動的に歌詞を検索してくれます。歌詞の登録を許可すれば、曲にそのまま歌詞が登録されるので便利です。また、「Lyrics Master 2」は、21種類の歌詞サイトから検索してくれるので、幅広いジャンルの曲に対応している点も魅力だといえるでしょう。デバイスと共有すれば、曲を聴きながら歌詞を見ることもできます。なお、取得した歌詞は個人の私的利用にとどめるようにしましょう。

> あらかじめ、Webブラウザで「http://www.kenichimaehashi.com/lyricsmaster/」にアクセスし、「Lyrics Master 2」をインストールしておきます。

1. 曲の再生中に「Lyrics Master 2」を起動し、＜検索＞をクリックすると「歌詞検索」画面が表示されます。＜iTunes連携中＞をクリックすると、自動的に歌詞を検索してくれます。「操作の確認」画面が表示されたら、＜続ける＞をクリックすると、歌詞がその曲に登録されます。

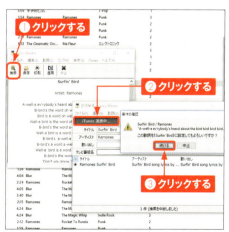

第6章 iTunesをもっと使いこなそう

Section 63 iPhoneの着信音を作成しよう

iPhoneの着信音を、お気に入りの曲から最長40秒で作成することができます。作成後にiPhoneと同期すると、着信音として登録できます。ここでは、iTunesで着信音を作成する方法を紹介します。

iPhoneの着信音を作成する

あらかじめSec.59～60を参考に、インポート方法を「AACエンコーダ」に設定しておきます。

① 「ミュージック」の「ライブラリ」画面で、着信音を作成したい曲を右クリックし、<曲の情報>をクリックします。

② <オプション>をクリックし、「開始」と「停止」のチェックボックスをクリックしてチェックを付け、曲の中で着信音に使いたい部分を40秒以内で設定したら、<OK>をクリックします。

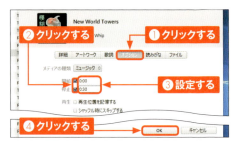

③ 手順①で選択した曲をクリックし、画面左上の<ファイル>をクリックしたら、「変換」にポインターを合わせ、<AACバージョンを作成>をクリックします。

④ 作成された曲を右クリックし、＜Windowsエクスプローラーで表示＞をクリックします。

⑤ エクスプローラーが開くので、P.148手順③で作成された音楽ファイルの拡張子を「m4a」から「m4r」に変更し、Enterを押します。

⑥ P.100を参考にiPhoneを接続して＜着信音＞をクリックし、拡張子を変更した音楽ファイルをドラッグ&ドロップすると、「着信音」に追加されます。

Memo 作成に関する注意点

着信音を作成後、P.148手順②の設定はもとに戻しておきましょう。また、手順⑤で拡張子が表示されない場合は、画面上部の＜表示＞をクリックし、＜ファイル名拡張子＞をクリックしてチェックを付けると、拡張子が表示されるようになります。

第6章 iTunesをもっと使いこなそう

Section 64 ハイレゾ音源を購入しよう

iTunes Storeではハイレゾ音源を取り扱っていませんが（2018年3月現在）、別の音源配信サイトで購入したハイレゾ音源をiTunesで再生することは可能です。ここでは、ハイレゾ音源を購入する手順を紹介します。

ハイレゾ音源を購入する

ここでは、音楽配信サイト「mora」を利用してハイレゾ音源を購入する方法を紹介します。なお、「mora」を利用するためには、事前に会員登録が必要です。

1. Webブラウザで「http://mora.jp/」にアクセスし、トップページで＜ハイレゾ＞をクリックします。

2. 任意のハイレゾ音源を検索して表示し、購入したい曲の＜¥○○＞をクリックします。▶をクリックすると曲の一部を試聴でき、🗨をクリックすると歌詞を表示させることができます。

③ <ご購入手続きへ進む>をクリックします。

④ 「アカウント情報登録・変更」画面が表示されるので、任意の決済方法の該当部分を入力したら、<次へ>をクリックし、画面の指示に従って購入手続きを進めます。

⑤ 決済が完了すると「ダウンロード」画面が表示されるので、<ダウンロード>→<閉じる>→<保存>の順にクリックします。

Memo そのほかのハイレゾ音源配信サイト

「mora」以外にも、ハイレゾ音源を購入することができるサイトとして「OTOTOY」があります。購入可能なファイル形式は、MP3、AACのほか、CDと同音質のALAC(P.155Memo参照)などが揃っています。いずれもDRM(P.73Memo参照)フリーなので、PCやデバイスを選ばず手軽に再生することが可能です。

第6章 iTunesをもっと使いこなそう

ハイレゾ音源を再生しよう

より高音質で音楽を楽しむために、WASAPIの設定をしておきましょう。なお、iTunesでは一般的なハイレゾ音源であるFLAC形式のファイルが再生できないので、「fre:ac」を使用して形式を変換する方法も紹介します。

WASAPIの設定をする

(1) iTunesを起動し、画面上部の<編集>をクリックして、<環境設定>をクリックします。

(2) <再生>をクリックし、「オーディオの再生方法」から<Windows Audio Session>をクリックします。

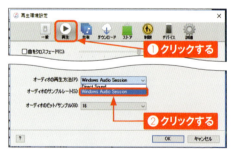

(3) 「オーディオのサンプルレート」から<192 kHz>をクリックします。

152

④ 「オーディオのビット／サンプル」から<24>をクリックし、<OK>をクリックします。

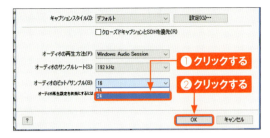

⑤ デスクトップ画面右下の🔊を右クリックして、<再生デバイス>をクリックします。

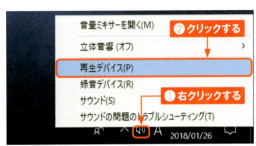

⑥ 再生するデバイスをクリックして、<プロパティ>をクリックします。

⑦ デバイスのプロパティが表示されるので、<詳細>をクリックし、「既定の形式」からいちばん大きい数値をクリックしたら、<OK>→<OK>の順にクリックします。

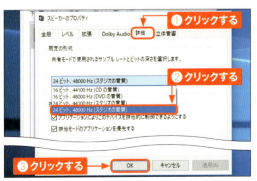

fre:acでFLAC形式のファイルを変換する

「fre:ac」 は、WAV、MP3、MP4、WMA、Ogg Vorbis、FLAC、AAC、Bonk形式の音楽ファイルを相互に変換することができる、無料で使えるエンコーダーです。Webブラウザで「http://www.freac.org/」にアクセスし、<fre:ac v○○>をクリックしてダウンロードしましょう。なお、ALAC形式（P.155Memo参照）に変換する場合は、<fre:ac snapshot 20170729>をダウンロードして使用してください。

> Sec.61を参考に「再生環境設定」画面で、「オーディオの再生方法」を「Windows Audio Session」に、「オーディオのサンプルレート」を「192 kHz」に、「オーディオのビット／サンプル」を「24」に設定しておきます。

① 「fre:ac」を起動し、FLAC形式の音源ファイルをドラッグ&ドロップします。

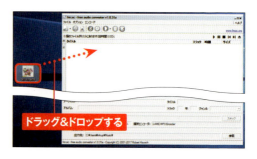

② <エンコード>をクリックして「エンコード開始」にポインターを合わせ、<Windows Wave File Output>をクリックします。

③ ファイルが変換され、「出力先」に設定しているフォルダにWAV形式のファイルが出力されます。

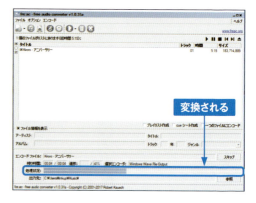

変換したファイルをiTunesに取り込む

① P.154手順①で「出力先」に設定しているフォルダを開き、ファイルをiTunesにドラッグ&ドロップします。

② iTunesに曲が取り込まれます。曲をダブルクリックすると再生されます。

③ 手順①のあと、取り込んだファイルの削除や移動を行うと右のような画面が表示され、iTunesで曲の再生ができなくなります。<場所を確認>をクリックして、ファイルを指定し直しましょう。

Memo FLACとALAC

FLAC形式とALAC形式は、どちらも「可逆圧縮方式」と呼ばれるファイル形式です。「可逆圧縮方式」とは、圧縮していないデータ（WAV形式など）のファイルを圧縮したあと、データを劣化させることなく、もとのファイルに復元することができるファイル形式のことです。ALAC形式は「Apple Lossless Audio Codec」の略で、その名のとおり、Appleが採用している可逆圧縮方式なので、iTunesで再生することが可能です。

第6章 iTunesをもっと使いこなそう

Section 66 アップデートしよう

iTunesは不定期的にプログラムのアップデートが実施されます。アップデートを行うことで、バグの修正や新機能の追加などが行われるので、アップデートがある場合はなるべく行うようにしましょう。

アップデートする

① iTunesを起動して画面上部の<ヘルプ>をクリックし、<更新プログラムを確認>をクリックします。

② アップデートができる場合はダウンロードの確認画面が表示されるので、<iTunesをダウンロード>をクリックします。

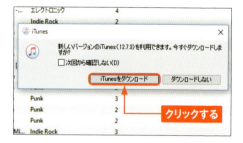

Memo アップデートがない場合

アップデートする更新プログラムがない場合は、手順①のあとに、「このバージョンのiTunesは最新バージョンです。」と表示されるので、<OK>をクリックします。

③ 「Apple Software Update」画面が表示されるので、「iTunes」のチェックボックスにチェックが付いているのを確認し、＜○項目をインストール＞→＜はい＞の順にクリックします。

④ iTunesの更新プログラムがインストールされます。

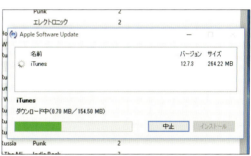

⑤ インストールが終わると、再起動を促すメッセージが表示されます。＜はい＞をクリックするとパソコンが再起動し、アップロードが完了して、新しいバージョンのiTunesが利用できます。

第6章 iTunesをもっと使いこなそう

Section 67 iTunes に動画を登録しよう

iTunesの魅力は音楽だけではありません。動画を登録することで、iTunes上だけでなく、iPhoneやiPadなどでも動画を共有して楽しむことができます。ここでは、iTunesに動画を登録する方法を紹介します。

動画を登録する

① iTunesを起動し、画面上部の<ミュージック>をクリックして<ムービー>をクリックします。

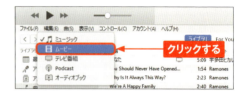

② iTunesに登録したい動画をドラッグ&ドロップします。

③ 自分で撮影した動画の場合は「ホームビデオ」が追加されます。<ホームビデオ>をクリックし、動画をダブルクリックすると再生されます。

Memo iTunesに登録できる動画の種類

iTunesに登録できる動画の種類は、拡張子が「.m4v」「.mp4」「.mov」であり、また動画のフォーマットが「MPEG-4」(MP4) または「H.264」であることが条件です。

第7章

困ったときの対処法

Section 68	曲間を切らずに再生するには
Section 69	フォルダーの場所を移動するには
Section 70	音楽ファイルをバックアップするには
Section 71	新しいパソコンに移行するには
Section 72	認証がうまくできないときは
Section 73	以前購入したものを再度入手するには
Section 74	自分でアートワークを登録するには
Section 75	iTunesとAndroidデバイスを同期するには
Section 76	Apple Musicの曲とCDから取り込んだ曲を区別するには
Section 77	iPhone／iPadをバックアップするには

第7章 困ったときの対処法

Section 68 曲間を切らずに再生するには

iTunesでは、「曲のクロスフェード」を設定することができます。「曲のクロスフェード」を設定すると、再生中の曲をフェードアウトさせつつ、次の曲をフェードインさせることができ、まるでDJプレイのような感覚で曲を再生できます。

曲の再生時に曲間を切らない設定を行う

1 ＜編集＞をクリックし、＜環境設定＞をクリックします。

① クリックする
② クリックする

2 「一般環境設定」画面が表示されたら、＜再生＞をクリックし、＜曲をクロスフェード＞をクリックしてチェックを付けます。

① クリックする
② クリックする

3 スライダーを「1」までドラッグし、＜OK＞をクリックします。

① ドラッグする

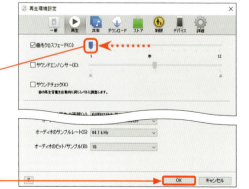

② クリックする

160

作成する音楽CDの曲間を切らない設定を行う

① 「ミュージック」の「ライブラリ」画面で、音楽CDを作成したいプレイリストを右クリックし、＜プレイリストからディスクを作成＞をクリックします。

② 「ディスク作成設定」画面が表示されます。「曲の間隔」で＜なし＞をクリックし、＜ディスクを作成＞をクリックすると、ディスクへの書き込みが開始されます。

161

第7章 困ったときの対処法

Section 69 フォルダーの場所を移動するには

iTunesをすでに利用しているとき、メディアデータが格納されている「iTunes Media」フォルダーは、かんたんな手順で外付けHDDなどの別ドライブへ移動させることができます。

🎵 「iTunes Media」フォルダーの場所を移動する

(1) P.160手順①を参考に「一般環境設定」画面を表示します。＜詳細＞をクリックし、＜変更＞をクリックします。

(2) 変更したいフォルダー（ここでは＜iTunesMedia移動＞）をクリックし、＜フォルダーの選択＞をクリックします。

(3) 「[iTunes Media] フォルダーの場所」が変更されます。＜[iTunes Media]フォルダーを整理＞と＜ライブラリへの追加時に〜＞をクリックしてチェックを付けます。

④ 画面右下の<OK>をクリックします。

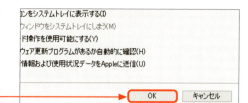

⑤ <ファイル>をクリックし、「ライブラリ」にポインターを合わせ、<ライブラリを整理>をクリックします。

⑥ 「ライブラリを整理」画面が表示されるので、<ファイルを統合>をクリックしてチェックを付け、<OK>をクリックします。

⑦ 指定したフォルダーにデータがコピーされます。

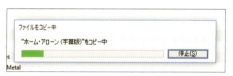

Memo 「詳細環境設定」の項目について

P.162手順③の画面で「[iTunes Media] フォルダーを整理」にチェックを付けると、曲を登録する際に「iTunes Media」フォルダー内に「アーティスト名」フォルダーが作成され、その中に「アルバム名」フォルダーが作成されて、音楽ファイルが格納されます。また、「ライブラリへの追加時にファイルを [iTunes Media] フォルダーにコピーする」にチェックを付けると、今後iTunesに登録したコンテンツがすべて自動的に「iTunes Media」フォルダー内へ格納されます。

Section 70 音楽ファイルをバックアップするには

iTunesを長期間にわたって使用していると、音楽ファイルは膨大になります。データ消失など万が一の事態に備え、「iTunes Media」フォルダー内に保存した音楽ファイルは外付けHDDやデータCD、DVDなどにバックアップを取っておきましょう。

万が一の事態に備えてバックアップを

iTunes内のコンテンツは、iTunes Storeで購入した楽曲など、ファイルを消失しても再ダウンロードできるものもありますが、再ダウンロードできない個人的なMP3ファイルや動画ファイルなどもあります。突然パソコンが故障した、または誤ってファイルを削除してしまったなど、万が一の事態に備え、定期的にバックアップを取っておくとよいでしょう。
バックアップ先にはデータCDやDVD、USBメモリや外付けHDDなどがあります。Macの場合は、外付けHDDを接続し、「Time Machine」機能を利用すると便利です。「Time Machine」機能を使えば、ファイルが消失した場合でも、復元したい過去のフォルダーへさかのぼって<復元>をクリックすると、消失してしまったファイルの復元が可能です。
なお、あまりにもファイルの量が膨大になってしまった場合は、再ダウンロードできないファイルだけをバックアップしておくとよいでしょう。

●データCD、DVD

曲の再生などは確約できませんが、1枚あたりの音楽CDやMP3CDよりも多く曲を保存することができます。

●外付けHDD

音楽ファイルなどの量が多い場合は、外付けHDDにバックアップを取っておきましょう。

🎵 バックアップ用データCDを作成する

(1) Sec.17を参考に、バックアップしたい曲を集めてプレイリストを作成します。iTunesを起動し、パソコンに空のディスク（CD-RやCD-RW、DVD-R、DVD-RWなど）をセットします。

(2) 「ミュージック」の「ライブラリ」画面で、データCDを作成したいプレイリスト（ここでは＜バックアップ＞）を右クリックします。

右クリックする

(3) ＜プレイリストからディスクを作成＞をクリックします。

クリックする

(4) 「ディスク作成設定」画面が表示されるので、＜データCDまたはDVD＞をクリックしてチェックを付け、＜ディスクを作成＞をクリックすると、ディスクへの書き込みが開始されます。

① クリックする
② クリックする

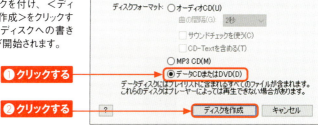

第7章 困ったときの対処法

🎵 バックアップ用データCDのファイルを取り込む

P.165の手順で作成したバックアップCDは、iTunesで直接読み込むことができません。CD内のファイルを、パソコン上に移動する必要があります。

① バックアップCDをパソコンに挿入すると、CDの中身がウィンドウで表示されます。

② バックアップCDから読み込みたいファイルをパソコン上の任意の場所にドラッグ&ドロップします。

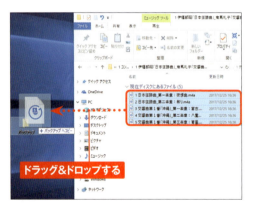

③ iTunesを起動し、手順②でパソコン上に移動したファイルをiTunesにドラッグ&ドロップすると、ファイルが読み込まれます。

任意のファイルを外付けHDDにバックアップする

① 「ミュージック」の「ライブラリ」画面で、＜曲＞をクリックします。

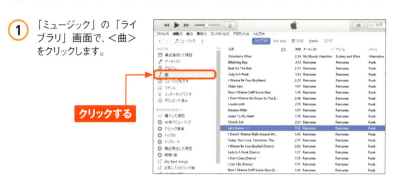

クリックする

② 任意の曲を右クリックし、＜Windowsエクスプローラーで表示＞をクリックします。

❶右クリックする
❷クリックする

③ 任意の音楽ファイルが表示されます。

Memo すべてのファイルをバックアップする場合

ここでは任意のファイルのみを指定してバックアップする方法を紹介していますが、iTunesのすべてのファイルをバックアップすることもできます。その場合は、Sec.71を参照してください。

④ エクスプローラーを開き、バックアップしたいファイルまたはフォルダーを右クリックします。

右クリックする

⑤ 「送る」にポインターを合わせ、＜外付けHDD＞をクリックします。

クリックする

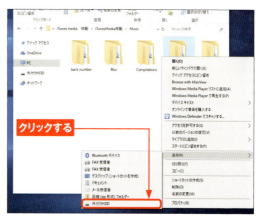

⑥ ファイルのコピーが開始されます。

バックアップファイルを取り込む

① P.167〜168でファイルをバックアップした外付けHDDをパソコンに接続すると、外付けHDDの中身がウィンドウで表示されます。

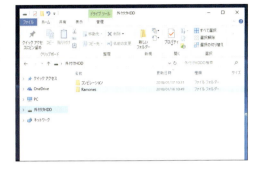

② iTunesを起動し、外付けHDDにバックアップしたファイルをiTunesにドラッグ&ドロップすると、iTunesにファイルが読み込まれます。

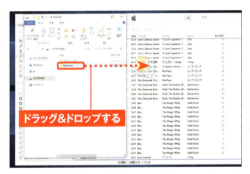

ドラッグ&ドロップする

> この時点で外付けHDDをパソコンから外してしまうと、もととなる音楽ファイルがなくなってしまい、iTunesで再生できなくなってしまいます。そのため、上記の方法でファイルを取り込んだ際は、必ずP.163手順⑤〜⑦を参考に、ファイルの場所を統合してから、パソコンから外付けHDDを外します。

③ ファイルの場所を統合すると、エクスプローラー内の「iTunes Media」フォルダー(または設定したメディアデータの保存場所)に、読み込んだファイルが統合されているのが確認できます。

第7章 困ったときの対処法

Section 71 新しいパソコンに移行するには

ここでは、今まで使っていたパソコンのiTunesデータを新しいパソコンに移行する方法を解説します。Apple IDを認証し直せば、ライブラリやプレイリストなどを今までと変わらない環境で利用することができます。

iTunesのデータを移行する

① ＜編集＞をクリックし、＜環境設定＞をクリックします。

❶クリックする
❷クリックする

② ＜詳細＞をクリックし、「詳細環境設定」画面で、「ライブラリへの追加時に～」をクリックしてチェックを付けます。

❶クリックする
❷クリックする

③ ＜OK＞をクリックします。

クリックする

④ ＜ファイル＞をクリックし、「ライブラリ」にポインターを合わせ、＜ライブラリを整理＞をクリックします。

❶クリックする
❷クリックする

⑤ 「ライブラリを整理」画面が表示されるので、＜ファイルを統合＞をクリックしてチェックを付け、＜OK＞をクリックします。その後、iTunesを終了します。

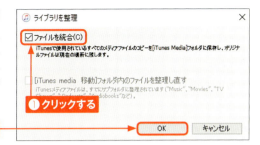

⑥ エクスプローラーを開き、データを移行したいファイルまたはフォルダーを、外付けHDDなどにドラッグ＆ドロップします。

⑦ コピーが開始されます。データの容量が大きい場合は、時間がかかることがあります。

⑧ データのコピーが終了したら、データをコピーした外付けHDDなどを、データを移行したいパソコンにつなぎます。手順⑥でコピーしたファイルまたはフォルダーを、任意の場所にドラッグ＆ドロップします。

(9) Shiftを押しながら、iTunesを起動すると、「iTunesライブラリを選択」画面が表示されるので、＜ライブラリを選択＞をクリックします。

(10) ＜iTunes Library＞をダブルクリックします。

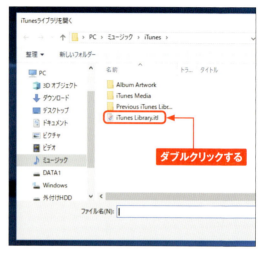

(11) iTunesが起動し、コピー元のパソコンと同様にデータが復元されます。

172

Apple IDの認証を変更する

① <アカウント>をクリックし、「認証」にポインターを合わせ、<このコンピューターの認証を解除>をクリックします。

② Apple IDとパスワードを入力し、<認証を解除>をクリックします。

③ Apple IDの認証が解除されます。<OK>をクリックします。

④ 新しいパソコンでiTunesを起動し、手順①の画面で<このコンピューターを認証>をクリックします。Apple IDとパスワードを入力して、<認証>をクリックすると、新しいパソコンにApple IDが認証されます。

Memo 認証は合計10台まで

保護されたコンテンツを閲覧、視聴するために必要なApple IDの認証は、パソコン5台、デバイス5台の合計10台までしかできません。今後使用しないパソコンや他人に譲渡するパソコンの認証は必ず解除しておきましょう。

第7章 困ったときの対処法

Section 72 認証がうまくできないときは

認証がうまくできないときは、なんらかの理由でiTunesの必須ファイルが壊れたか、管理者権限が原因の場合があります。それらの対処法と、パスワードを忘れてしまった場合の対応法を紹介します。

認証を求めるメッセージがくり返し表示される場合

(1) ＜ヘルプ＞をクリックし、＜更新プログラムを確認＞をクリックします。

(2) バージョン情報の確認画面が表示されたら、＜OK＞をクリックします。

(3) 最新のバージョンでない場合は、P.156を参考にアップデートします。＜アカウント＞をクリックし、「認証」にポインターを合わせ、＜このコンピューターを認証＞をクリックします。

(4) Apple IDとパスワードを入力して、＜認証＞をクリックします。

174

🎵 Apple IDのパスワードを忘れた場合

① ＜アカウント＞をクリックし、「認証」にポインターを合わせ、＜このコンピューターを認証＞をクリックします。

② ＜Apple IDまたはパスワードをお忘れですか?＞をクリックします。

③ Webブラウザが開き、パスワードの再設定画面が表示されます。Apple IDを入力し、表示される英数字を入力して、＜続ける＞をクリックします。

④ <パスワードをリセット>をクリックし、<続ける>をクリックします。

❶ クリックする
❷ クリックする

⑤ リセット方法を選択します。ここでは<メールを受け取る>をクリックして、<続ける>をクリックします。

❶ クリックする
❷ クリックする

⑥ P.175手順③で入力したメールアドレス宛にメールが届くので、受信したメールを開き、<今すぐリセット>をクリックします。

クリックする

⑦ パスワード再設定の画面が開きます。パスワードを2回入力して＜パスワードをリセット＞をクリックします。

⑧ パスワードが変更されます。

Memo 3つの質問について

Appleでは、パスワードが漏れても本人以外はアカウントにアクセスできないよう、「3つの質問」が設定されています。万が一、3つの質問を忘れてしまった場合、Webブラウザーから「https://appleid.apple.com/」にアクセスし、Apple IDとパスワードを入力し、→をクリックします。「次に進むにはセキュリティ質問に答えてください。」という確認画面が表示されたら、＜セキュリティ質問をリセット＞をクリックすると、「セキュリティ質問をリセット」画面が表示されるので、新しい3つの質問と答えを入力して＜続ける＞をクリックすると、質問がリセットされます。

第7章 困ったときの対処法

Section 73 以前購入したものを再度入手するには

iTunes in the Cloudのサービスを利用すると、Apple IDに購入記録が残っていれば、サービス開始以前に購入したミュージックのコンテンツでも再ダウンロードすることができます。ただし、一部のコンテンツは再ダウンロードできないので、注意しましょう。

iTunes Storeから再ダウンロードする

① 「ストア」画面を表示し、画面右側の<購入済み>をクリックします。

② 購入済みの曲が一覧表示されるので、再ダウンロードしたい曲の右にある⬇をクリックします。

③ 曲が再ダウンロードされます。

Memo iTunes Storeの通常の画面から再ダウンロード

「購入済み」画面でない通常のiTunes Storeの画面から、一度購入した曲を再度購入しようとすると、「あなたはすでにこの商品を購入しています。無料でこれを再度ダウンロードしますか?」と表示されるので、<ダウンロード>をクリックすると、再ダウンロードできます。

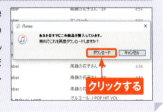

🎵 ライブラリから再ダウンロードする

(1) 「ミュージック」の「ライブラリ」画面で<曲>をクリックします。

(2) ⬇ をクリックします。

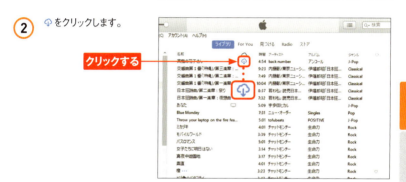

(3) 曲が再ダウンロードされます。

Memo 一部の動画コンテンツは再ダウンロードできない

iTunes in the Cloudを利用することで、音楽コンテンツやアプリを再ダウンロードできるようになりましたが、レンタルまたは購入した一部の映画などの動画コンテンツは再ダウンロードできません。誤って消してしまったり、パソコンの故障などで消失したりしたときのために、バックアップは必ず取っておきましょう。

Section 74 自分でアートワークを登録するには

曲の再生時、あらかじめ設定されたアルバムのアートワーク以外に、自分の好きな画像をアートワークとして設定し、楽しみながら再生することができます。自作のMP3形式ファイルなど、もともとアートワークがないものに設定するとよいでしょう。

好きな画像をアートワークに設定する

① 「ミュージック」の「ライブラリ」画面で、アートワークを設定したいアルバム、音楽、ビデオなどを選択して右クリックします。

右クリックする

② <曲の情報>をクリックします。

クリックする

③ <アートワーク>をクリックします。

クリックする

Memo アートワーク画像について

アートワークとして設定するアルバムジャケット画像は、Amazon（http://www.amazon.co.jp/）などで検索し、コピー&ペーストで利用すると便利です。

④ 現在、設定されているアートワークが表示されます。＜アートワークを追加＞をクリックします。

クリックする

⑤ アートワークに設定したい画像をクリックし、＜開く＞をクリックします。

❶ **クリックする**　❷ **クリックする**

⑥ アートワークが変更されます。画像を確認し、＜OK＞をクリックします。

クリックする

⑦ 曲を再生すると、新しく設定した画像がアートワークとして表示されます。

表示される

第7章　困ったときの対処法

第7章 困ったときの対処法

Section 75 iTunesとAndroidデバイスを同期するには

iTunesは、原則としてiPhoneやiPad以外との同期機能はありませんが、サードパーティ製のAndroidアプリを利用することで、Androidデバイスとパソコンの iTunesとの間で曲や動画などのコンテンツを同期することができます。

Androidデバイス側の準備を行う

(1) あらかじめGoogle Playで「iTunes用のiSyncr」アプリをインストールしたうえで、アプリ画面で、タップして起動します。

タップする

(2) 「iSyncr Desktop」をパソコンにダウンロードするためのリンクが表記されているメールを送るかどうかをタップして選択します。

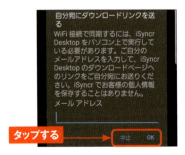

タップする

(3) パソコンに接続する方法（ここでは＜USB＞）を選んでタップします。

タップする

Memo iSyncr

パソコンのiTunesとAndroidデバイスを同期させ、曲を共有することができるアプリです。本書で紹介したもの以外にも、Mac向けの「Mac向け iSyncr」や機能制限のない有料版などがあります。

パソコンにiSyncrをインストールする

(1) Webブラウザで「http://www.jrtstudio.com/ja/iSyncr-iTunes-for-Android」にアクセスし、「ダウンロードiSyncrデスクトップ」の<ダウンロード>→<PC>の順にクリックします。

(2) セットアップ画面が表示されたら、インストール先を選択して、<Next>をクリックします。

(3) 確認画面が表示されます。<Next>をクリックするとインストールが開始されます。

(4) 「Installation Complete」画面が表示されたら、<Launch iSyncr>をクリックしてチェックを外し、<Close>をクリックします。

🎵 Androidデバイスと曲を共有する

(1) P.182の準備を行ったAndroidデバイスをUSBケーブルでパソコンに接続すると、iTunesが起動します。

(2) iSyncrが起動し、iTunesとの同期が開始されます。

同期が開始される

(3) <プレイリスト><アーティスト><アルバム>などのジャンルをクリックします。

クリックする

(4) 同期したい項目のチェックボックスをクリックしてチェックを付け、＜同期＞をクリックします。

① クリックする

② クリックする

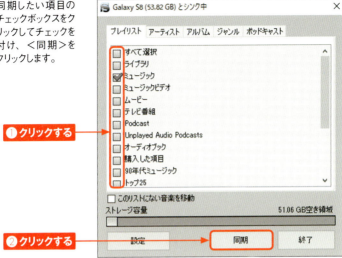

(5) Androidデバイスに曲などのコンテンツが転送されます。

転送される

(6) 同期が完了したら、＜終了＞をクリックします。共有した曲は、Androidデバイスの音楽プレーヤーアプリなどで聴くことができます。

クリックする

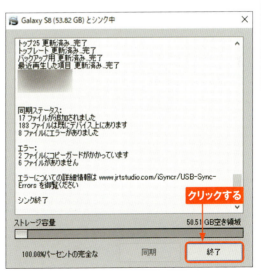

第7章 困ったときの対処法

Section 76 Apple Music の曲と CD から取り込んだ曲を区別するには

Apple Musicからダウンロードした項目は、CDから取り込んだ曲と違って、ディスクに書き込んだり、iPhoneやiPadに追加したりできません。ここでは、Apple Musicの曲とCDから取り込んだ曲を区別する方法を紹介します。

「曲の情報」で区別する

① 「iCloudミュージックライブラリ」を有効にした状態（P.186Memo参照）で、「ミュージック」の「ライブラリ」画面を表示します。任意の曲を右クリックし、＜曲の情報＞をクリックします。

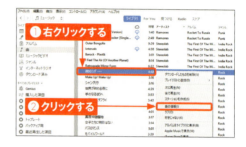

② ＜ファイル＞をクリックします。Apple Musicからライブラリに追加した曲であれば、「種類」の右側に「Apple Music AACオーディオファイル」と表示されます。

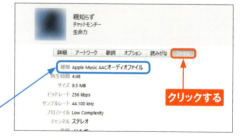

Memo iCloudミュージックライブラリ

Apple Musicからライブラリに曲を追加するには、「iCloudミュージックライブラリ」を有効にしておく必要があります。＜編集＞→＜環境設定＞→＜一般＞の順にクリックし、＜iCloudミュージックライブラリ＞をクリックしてチェックを付けます。

第7章 困ったときの対処法

Section 77 iPhone／iPad を バックアップするには

iTunesは、iPhoneやiPadのデータをパソコン内にバックアップすることができます。バックアップを取っておけば、紛失や破損など万が一の事態が起きても安心です。ただし、デバイス側でダウンロードした音楽はバックアップされないので注意しましょう。

iTunesでバックアップする

事前にiPhoneのホーム画面で＜設定＞→＜自分の名前＞→＜iCloud＞→＜iCloudバックアップ＞の順にタップして、「iCloudバックアップ」の ◯ をタップし、＜OK＞をタップしてオフにしておきます。

(1) ＜編集＞→＜環境設定＞の順にクリックし、＜デバイス＞をクリックします。

クリックする

(2) ＜iPod、iPhone、およびiPadを自動的に同期しない＞をクリックしてチェックを付け、＜OK＞をクリックします。

❶ クリックする
❷ クリックする

(3) Sec.43を参考に、デバイス画面を表示します。「バックアップ」の＜このコンピューター＞をクリックし、＜今すぐバックアップ＞をクリックします。

❶ クリックする
❷ クリックする

187

④ バックアップが開始されます。

バックアップが開始される

⑤ バックアップが終了すると、「最新のバックアップ」に日付と日時が表示されます。

表示される

Memo バックアップを暗号化

iPhoneやiPadの「ヘルスケア」と「アクティビティ」のデータを保存しておく場合は、バックアップを暗号化する必要があります。P.187手順③の画面で、<iPhoneのバックアップを暗号化>をクリックし、パスワードを入力して、<パスワードを設定>をクリックすると、バックアップを暗号化することができます。

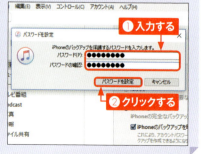

❶入力する
❷クリックする

🎵 バックアップを復元する

(1) デバイスをコンピューターに接続し、Sec.43を参考にデバイス画面を表示します。「バックアップ」の＜バックアップを復元＞をクリックします。

(2) 確認画面が表示されるので＜復元＞をクリックします。

(3) 「iPhoneをバックアップから復元中」という画面が表示されます。

(4) 復元が終了したら＜OK＞をクリックし、デバイスが再起動するのを待ちます。

189

索引

数字・アルファベット

3つの質問 …………………………… 23, 177
AirPlay ……………………………… 11, 130
Androidデバイスと曲を共有 …………… 184
Androidデバイスを同期 ………………… 182
Apple IDの認証を変更 ………………… 173
Apple IDのパスワード ………………… 175
Apple IDを作成 ………………………… 22
Apple Lossless形式 …………………… 144
Apple Music …………………………… 78
Apple Musicに登録 …………………… 79
Apple Musicの曲を再生 ……………… 80
Apple Musicの曲をダウンロード ……… 81
DRM …………………………………… 73
Facebookに投稿 ……………………… 133
FLAC形式 ……………………………… 154
For You ………………………………… 78
fre:ac …………………………………… 154
Genius ………………………………… 124
Geniusおすすめ ………………………… 127
Geniusプレイリストを作成 …………… 125
iCloud ………………………………… 120
iCloudミュージックライブラリ ………… 186
iPhone/iPadをバックアップ ………… 187
iPhoneの着信音を作成 ………………… 148
iSyncr ………………………………… 183
iTunes …………………………………… 8
iTunes Card …………………………… 25
iTunes Cardを登録 …………………… 26
iTunes in the Cloud ………………… 116
iTunes Match ………………………… 128
iTunes Store ………………………… 62
iTunes Storeの画面構成 ……………… 63
iTunesで再生できる音楽フォーマット … 12
iTunesでできること …………………… 9
iTunesの画面構成 ……………………… 30
Lyrics Master 2 ……………………… 147
MP3 …………………………………… 140
MP3形式に変換 ………………………… 142
NAS ……………………………………… 11
Perfect設定 …………………………… 136
Podcast ………………………………… 82
Podcastのエピソードを再生 …………… 86
Podcastのエピソードをダウンロード …… 88
Podcastを購読 ………………………… 89
Radio …………………………………… 78
SNS …………………………………… 132
Twitterに投稿 ………………………… 132
WASAPIの設定 ………………………… 152
Windows用iCloud …………………… 120

あ行

アーティスト …………………………… 43
アートワーク …………………… 58, 180
アップデート …………………………… 156
アルバム ………………………………… 42
イコライザ ……………………………… 136
インストール …………………………… 14
インターネットラジオ ………………… 90
ウィッシュリストに追加 ……………… 74
ウィッシュリストを表示 ……………… 75
映画 ……………………………………… 92
映画を移動 ……………………………… 111
映画を共有 ……………………………… 110
映画を購入 ……………………………… 96
映画をレンタル ………………………… 94
オーディオブック ……………………… 98
音楽CDから曲を取り込む …………… 32
音楽CDを作成 ………………………… 134
音楽配信サイト ………………………… 13
音楽ファイルの保存先を変更 ………… 20
音質がよくなる機器 …………………… 10
音質設定 ………………………………… 143

か行

歌詞を登録 ……………………………… 147
カラムブラウザ ………………………… 70
カレンダーを同期 ……………………… 105
起動 ……………………………………… 19
曲の情報を変更 ………………………… 59
曲のランキング ………………………… 68
曲を共有 ………………………………… 108
曲を検索 ………………………………… 44

曲を購入	73
曲を再生	36
曲を探す	66
曲を削除	60
曲を試聴	72
クレジット残高	65
クロスフェード	160
購読を停止	89
コンプリート・マイ・アルバム	76

さ行

再生音質を向上	146
再生可能時間	94
再生画面をカスタマイズ	42
再生履歴	40
再ダウンロード	178
サイドバー	123
サインアウト	65
サインイン	64
自動ダウンロード	117
写真を共有	106
写真を同期	106
シャッフル	41
ジャンル	43
終了	18
手動で共有	109
ステータスバー	122
ストリーミング再生	118
スマートプレイリスト	52
外付けHDD	164, 167

た行

次はこちら	38
データを移行	170
デバイスを接続	100
デバイスを同期	101
動画を登録	158
同期の設定を変更	102
取り込み設定を変更	140
取り込んだ曲を区別	186

な行・は行

認証	174
ハイレゾ音源を購入	150
ハイレゾ音源を再生	152
パソコンを認証	138
バックアップ	164
バックアップファイルを取り込む	169
バックアップ用データCDを作成	165
バックアップを暗号化	188
バックアップを復元	189
表示を切り替える	30
ファイルを保持	60
フォルダーの場所を移動	162
プリセット	137
プレイリストに曲を追加	48
プレイリストの曲順を変更	51
プレイリストの表示方法を変更	55
プレイリスト名を変更	50
プレイリストを再生	54
プレイリストを削除	50
プレイリストを作成	46
プレイリストを自動で作成	52
プレイリストを編集	48
プレビュー履歴	72
ホームシェアリング	112

ま行

見つける	78
ミニプレーヤー	56
ミュージックビデオ	119

ら行

ライブラリ	28
ラジオ局を追加	91
リピート	41
レンタル期間	94
連絡先を同期	104

■ お問い合わせについて

本書に関するご質問については、本書に記載されている内容に関するもののみとさせていただきます。本書の内容と関係のないご質問につきましては、一切お答えできませんので、あらかじめご了承ください。また、電話でのご質問は受け付けておりませんので、必ずFAXか書面にて下記までお送りください。
なお、ご質問の際には、必ず以下の項目を明記していただきますようお願いいたします。

1 お名前
2 返信先の住所またはFAX番号
3 書名
　（ゼロからはじめる iTunes スマートガイド）
4 本書の該当ページ
5 ご使用のソフトウェアのバージョン
6 ご質問内容

なお、お送りいただいたご質問には、できる限り迅速にお答えできるよう努力いたしておりますが、場合によってはお答えするまでに時間がかかることがあります。また、回答の期日をご指定なさっても、ご希望にお応えできるとは限りません。あらかじめご了承くださいますよう、お願いいたします。ご質問の際に記載いただきました個人情報は、回答後速やかに破棄させていただきます。

■ お問い合わせ先

〒162-0846
東京都新宿区市谷左内町21-13
株式会社技術評論社　書籍編集部
「ゼロからはじめる iTunes スマートガイド」質問係
FAX番号　03-3513-6167
URL：http://book.gihyo.jp

■ お問い合わせの例

FAX

1 お名前
　技術　太郎
2 返信先の住所またはFAX番号
　03-XXXX-XXXX
3 書名
　ゼロからはじめる
　iTunes スマートガイド
4 本書の該当ページ
　40ページ
5 ご使用のソフトウェアのバージョン
　iPhone 8（iOS 11.2.6）
6 ご質問内容
　手順3の画面が表示されない

ゼロからはじめる iTunes（アイチューンズ）スマートガイド

2018年4月30日　初版　第1刷発行

著者	リンクアップ
発行者	片岡　巌
発行所	株式会社 技術評論社
	東京都新宿区市谷左内町21-13
電話	03-3513-6150　販売促進部
	03-3513-6160　書籍編集部
編集	リンクアップ
担当	青木　宏治
装丁	菊池　祐（ライラック）
本文デザイン・DTP	リンクアップ
製本／印刷	図書印刷株式会社

定価はカバーに表示してあります。
落丁・乱丁がございましたら、弊社販売促進部までお送りください。交換いたします。
本書の一部または全部を著作権法の定める範囲を超え、無断で複写、複製、転載、テープ化、ファイルに落とすことを禁じます。

© 2018 技術評論社

ISBN978-4-7741-9678-7 C3055

Printed in Japan